KB261763

유대인
자녀교육의
정석

유대인 자녀교육의 정석

초 판 1쇄 2022년 04월 15일

지은이 김자현
펴낸이 류종렬

펴낸곳 미다스북스
총괄실장 명상완
책임편집 이다경
책임진행 김가영, 신은서, 임종익, 박유진

등록 2001년 3월 21일 제2001-000040호
주소 서울시 마포구 양화로 133 서교타워 711호
전화 02) 322-7802~3
팩스 02) 6007-1845
블로그 http://blog.naver.com/midasbooks
전자주소 midasbooks@hanmail.net
페이스북 https://www.facebook.com/midasbooks425

© 김자현, 미다스북스 2022, *Printed in Korea*.

ISBN 979-11-6910-013-7 03590

값 **15,000원**

4차 산업시대에도 주목받는 유대인, 그들을 만든 비밀을 파헤친다

JEWISH
김자현 지음
유대인
자녀교육의
정석
시대를 리딩하는 자녀로 만드는 4가지 비법!

미다스북스

모든 비밀을 알려주었다,
이제 적용만 하면 된다

부모님의 품에서만 있던 한 여자아이가 성장하여 대학을 졸업하고 회사에 취직했습니다. 27세에 결혼을 하여 지금은 큰아이가 고등학교 2학년입니다. 갓 태어난 아이를 어떻게 안아야 하며 어떻게 우유를 먹이고 어떻게 목욕시켜야 할지 몰라 막막했습니다. 다행스럽게도 조리원에 있으면서 아이를 안는 방법부터 우유를 먹이고 목욕을 시키는 방법을 배웠습니다. 우유를 끊고 이유식을 먹일 때도 많은 책과 동영상을 찾아가며 육아를 할 수 있었습니다.

요리사가 되고 싶은 사람은 한식, 중식, 양식 자격증 공부를 합니다. 헤어디자이너, 공인중개사, 변리사, 변호사, 의사 등 어떤 직업을 갖기 위해서는 그에 맞는 적절한 공부를 해야 하고 자격증을 획득하거나 면허 시험을 봐야 합니다. 직업을 갖기 위해서는 이처럼 많은 공부를 해야만 합니다. 하지만 결혼하고 아이를 낳고 키우는 과정에 맞닥친 사람에게 어떻게 자녀를 키워야 하는지는 그 누구도 알려주지 않습니다. 물론 어떤 학원이나 학교도 없을뿐더러 과외를 통해서 누구에게서도 배울 수 없습니다. 그런 점들이 항상 답답하고 왜 이런 것들을 가르쳐주는 곳이 없는지 궁금했습니다.

'나 또한 부모님이 키우셨던 양육방식으로 자녀를 키우고 있을 텐데…. 하루하루 변화의 속도가 너무도 빠른 지금 시대에 부모님께서 내게 하던 방식대로 자녀를 교육하는 것이 맞는 것일까? 과연 내가 잘하고 있는 것일까? 내가 놓치고 있는 부분은 없을까?'라는 생각을 끊임없이 했습니다. 그러던 찰나에 유대인 교육을 만나게 되었습니다. 정말 손바닥을 내려치며 '이렇게 하면 되는구나!', '유대인들은 이렇게 했구나!'하고 감탄할 정도로 많은 것을 알게 되었습니다. 살면서 한 번도 생각하지 못했던 부분을 보면서 "아!"라는 감탄사를 수없이 외치면서 그들의 교육 방식에 감동하지 않을 수 없었습니다.

어떤 부모는 자신이 살아가는 원동력이 자녀라고 하는 분도 있습니다. 그만큼 자녀는 부모에게 있어서 정말 소중한 존재이고 모든 부모는 자녀를 잘 키우기 원하며 자신의 자녀가 잘되기를 바랍니다. 그런 마음이 있다면 이 책을 잘 선택하셨습니다. 이 책에서는 5000년 역사를 거쳐 세계에서 소수의 인구로 시작한 이스라엘의 유대인이 모든 언론, 미디어, 영화, 금융 등 세계의 모든 분야에서 선두에 서게 된 방법들을 알려주고 있습니다.

『유대인의 정석』을 통해 자녀를 키우기 막막했던 부분에 큰 맥락을 잡을 수 있기를 기대하며 써 내려갔습니다. 지금도 세계 각지의 선두에 서 있는 유대인은 결과로 그들의 자녀교육 방법의 우수함을 입증하고 있습니다. 그들만의 노하우를 담았습니다. 저 또한 유대인을 알아가고 이 책을 집필하면서 자녀를 교육하고 양육하는 데 훨씬 마음이 가벼워진 것을 느꼈습니다. 이 마음을 독자들도 함께 느꼈으면 합니다. 아시아의 유대인이라고 불리는 우리 대한민국의 자녀들이 유대인의 좋은 점들을 배웠으면 하는 바람입니다.

시야가 차단된 안개 속일 때는 두렵지만 헤드라이트를 켜면 안개가 두렵지 않습니다. 아이들을 교육하는 데 있어 이 책이 헤드라이트 같은 역할을 하게 될 것입니다. 모쪼록 이 책을 통하여 자녀에 대한 교육의 길을 찾길 바랍니다. 여러분은 이 책을 펼친 것만으로도 그 길에 한 발자국 더 가까이 다가섰습니다. 우리 아이들은 잘 될 것입니다!

 유대인 자녀교육의 정석

〈감사의 말〉

하나님을 경외하는 것이 지혜의 근본이요 거룩하신 자를 아는 것이 명철이니라.(잠언 9장 10절)

소수의 가장 나약하고 힘없는 유대인이 경외하는, 그리고 나의 삶을 주관하시는 하나님께 감사드립니다.

항상 옆에서 응원해준 존경하는 남편 최현희, 사랑하는 딸 수민이, 소중한 아들 태강이에게 감사하다는 말을 전하고 싶습니다. 요이컬러마켓 김자임 대표님과 양가 어르신들 감사합니다. 살아가면서 은혜 갚겠습니다.

이 책이 여기까지 나올 수 있게 도와주신 출판사 관계자 모든 분들께도 고개 숙여 깊은 감사드립니다. 그리고 이 책을 읽고 계신 독자분들께 감사를 전합니다. 정말 감사합니다.

김자현

목차

Chapter 3.
가치 있는 풍요로움, 부의 비밀

Chapter 4.
중심을 바르게 세우는 가정교육의 비밀

Chapter 1.

스스로
쟁취하는 승리,
성공의 비밀

<u>01</u>

성공하려면 인성 교육이
최우선이다

인성이란 대체 뭘까? 네이버 사전에 의하면 '사람의 성품'이라고 정의한다. 성품은 무의식적으로 나의 행동으로 나타나고, 그 행동은 평소에 내가 갖고 있던 생각과 태도로 표현된다. 최근 뉴스들로 매스컴을 가득 채우는 사건 사고들은 인성과 관련된 일들이 많다. 절정의 인기를 누리던 아이돌 그룹의 한 멤버가 학교 폭력 문제로 탈퇴했다. 그 어려운 공무원 시험에 합격했지만, 공무원 품행에 어긋난 행동을 하여 합격을 취소해달라는 국민청원이 올라왔다. 최근 TV에서 방영된 프로에서 한 연예인이 성희롱 논란으로 모든 녹화를 다 마쳤으나 정작 당사자가 나오는 모든 장면이 편집되었다. 어디서부터 잘못된 걸까?

한국은 외국에서도 알아주는 동방예의지국이다. '예'를 강조하는 한국이 지금은 어떨까? 세계 최초로 2015년 '인성교육법안'을 만들어 인성교육이 아예 법으로 통과되었다. 교육부 자료에 의하면 학교 폭력 피해 유형은 언어폭력 35.6%, 집단 따돌림 23.2%, 금품 갈취 심부름 15.1%로 나타났다. 10대들의 범죄행위가 어른들이 했다고 해도 믿을 만큼 수위가 높다 보니 '인성교육법안'까지 제정되었다.

아카데미상을 받은 영화 〈기생충〉의 '송강호' 대사 중에 "너는 다 계획이 있었구나."라는 말은 한국 부모에게도 해당한다.

유치원에서부터 한국의 부모는 다 계획이 있다. 영어유치원을 시작으로 수영, 태권도, 피아노, 각종 학습지로 아이들을 단련시킨다. 초등학교 들어가기 전 한글은 물론 영어알파벳을 떼는 것은 기본이다. 초등학교에 입학하면 유치원보다 더 박차를 가한다. 영어 학원, 수학 학원은 물론 각종 악기에 기본 운동은 하나씩 한다. 중학교에 입학하면 초등학교와 교과서 무게 자체가 다르다. 수업시간은 조금 길어지지만 정해진 시간과 시간표대로 학교에서 가르치는 내용을 주입식으로 받아들이는 건 초등학교 때와 같다. 중학교 입학하면서 180도 달라진 것이 있다면 좋은 대학에 자식을 보내기 위한 부모와 아이에게 전쟁 전시 상황이 시작된다는 것이다.

〈EBS 미래교육〉에서는 초등학교 학생들에게 '학교에서 어떤 교육을 받는지'에 관해 물었다.

"국어, 수학 영어 같은 거요."
"대학에 갈 수 있는 공부요."
"높은 성적을 받기 위한 공부요."

학생들 대부분은 대학에 진학하기 위한 공부만 하고 있다. 가장 중요한 시기에 자랑스러운 자녀들이 올바르게 성장하기 위한 정신적, 신체적 교육, 성품과 관계된 인성교육은 찾아보기 어렵다.

현재 학교에는 점수와 평가 그리고 시험을 위한 기계적인 공부만이 남아 있다. 자녀가 자라면서 고등학교, 대학교는 물론, 진로까지 시뮬레이션을 돌리며 예전에 세웠던 자녀의 계획은 더욱 확고해진다. 우리가 지식을 채우는 시기에 유대인은 과연 어떤 교육을 하고 있을까?

우리나라 부모들의 열성은 주변 나라보다 높지만 한 가지 아이러니한 사실이 있다. 자녀에게 관심을 쏟고 더 많이 투자하라고 하면 대부분 '뭘 배워야 하는지', '무슨 학원에 보내야 하는지'로 받아들인다. 프뢰벨은 "인간은 5세 이전에 성격이나 인격이 형성된다."라고 말했다. 우리나라는 학교나 과외나 학원 등의 사교육에 의존하며 자녀를 교육하지만, 유대인은 부모가 직접 가정에서 가르친다. 그래서 제일 먼저 하는 것이 인성교육이다. 유대인의 관심사는 우리와 다르다.

성적보다 인성

유대인은 성적보다 다음 같은 것들을 중요하게 여긴다. '자기 일을 스스로 하는가?', '부모를 공경하는가?', '친구들과 잘 지내는가?', '나라를 위해 기도하는가?', '형제간에 우애가 있는가?'에만 관심을 둔다. 즉, 이들의 관심은 '사람이 되는 인성 교육'에 있다. 자신의 자녀가 공부를 못해도 시험을 못 봐도 실망하지 않는다. 그들은 중학교 졸업할 때까지 성적표에 점수나 등급을 매기지 않는다. 성적표에도 등수나 평가 대신 수학은, '백 단위 수의 곱하기를 잘합니다.' 미술은, '색칠할 때 주로 어두운 색깔을 씁니다. 밝은 색깔도 함께 쓸 수 있게 지도해주세요. 색은 성격에도 영향을 미칩니다.'라는 식의 의견을 성적표에 기록한다. 학교는 각각 아이의 성격까지 세심하게 신경을 쓴다.

유대인 아이는 일반적으로 3세에 히브리어 알파벳을 시작으로 5세까지 히브리어를 공부한다. 히브리어를 배우는 이유는 언어를 습득하기 위한 것이 아니라 『토라』를 읽기 위해서이다. 『토라』는 '인간다운 인간'을 만드는 게 목표이다. 유대인 자녀는 5세부터 『토라』를 읽으며 히브리어 공부와 삶의 지혜를 배운다. 10세가 되면 구전 율법인 『미쉬나』 즉, 『탈무드』를 통하여 사는 데 필요한 규칙과 인성을 배운다. 그리고 13세까지 부모에게 직접 가정 중심의 교육을 받게 되고 학교에서도 학과 공부를 스스로 하게 된다.

유대인 부모는 '학교에서는 지식을 배우는 데 그치지만 가정에서는 삶의 지혜를 배운다'고 생각한다. 가정에서 배운 질서와 학습 태도, 독서의 가치, 생명존중을 배우고 자라난 아이는 배운 대로 인격이 형성된다. 또한, 도덕성과 자신에 대한 자아 개념을 합한 '인격의 뼈대'를 갖춘다. 가정에서의 인성교육은 앞으로 자녀가 만나게 될 거칠고 혼란스러운 세상을 항해하기 위해 윤리와 원칙을 세워주는 것이다. 어릴 때부터 가정과 학교에서 제대로 된 교육을 받았기 때문에, 이스라엘에서 총을 들고 무장하고 다녀도 함부로 사람을 죽이거나 자살하지 않는다.

부모는 자녀에게 『토라』와 『탈무드』를 가르치는 것이 의무이다. 자녀는 공부법, 예의, 생활규칙 등 생활 전반에 걸친 기초 교육을 자신의 부모를 통해서 배운다. 예를 들면 이웃과 잘 지내는 법, 부모에게 공경하는 법 등을 배운다. 이것은 사람이 되는 전인 교육을 강조하는 것이다. 13세 이전 인격 형성 시기에는 인성과 지혜, 창의력에 관심을 둘 뿐 성적에 관심을 두지 않는다. 우리나라처럼 수학 선행학습을 어디까지 나갔는지 영어학원을 어디로 다니는지는 그리 중요하지 않다. 자녀가 무엇을 좋아하고 어떤 성격인지와 창의력에 관심을 기울인다. 자연스럽게 생각도 확장될 것이다.

인성이 왜 중요한가

'JYP엔터테인먼트 박진영' 대표는 무엇보다 인성교육에 초점을 둔다. 연습생은 '진실', '성실', '겸손'의 세 가지 키워드로 교육을 받는다. 인성교육을 강조하는 이유는 '스타'가 되기 위해서가 아니다. '좋은 사람이 되기 위해서'이다.

첫째, '진실'은 말과 행동을 할 때, 의식적으로 계산하거나 신경 쓰지 않고 행동 자체가 올바른 사람이 되기 위함이다.

둘째, '성실함'은 매일 반복되는 스트레칭, 춤 연습, 노래 연습, 운동, 음악공부 등을 지겨운 일상으로 여기지 않고 꾸준히 성실하게 하는 것을 말한다.

셋째, '겸손'이다. 운전기사, 매니저와 같이 도와주는 분들에게 마음속으로 고마워하는 마음에서 겸손은 비롯된다. 평소에는 모를 수 있지만, 위기가 닥쳤을 경우 겸손하지 않은 사람은 주위의 도움을 받을 수 없다는 것은 많은 사람이 아는 불문율이다.

유대인 부모는 자녀가 어렸을 때부터 인성교육에 초점을 둔다. 그들이 바라는 이상향의 인간상은 '멘쉬(mensch)'이다. 『공부하는 유대인』을 쓴 힐 마골린은 '멘쉬'에 대해 이렇게 이야기한다. "멘쉬는 타인의 관계에 있어 정직하고 반듯한 윤리적으로도 신뢰를 받는 사람이다." 이들은 정직함을 택했기에 쉬운 길이 아니라 어려운 길을 택한다. 사업을 하면서도 세금 관련 문제나 물건을 사고파는 데 있어 자신에게 이익되는 달콤한 유혹을 뿌리치고 올바른 길로 간다. 주위를 둘러보며 자신보다 힘든 사람들을 돕는다.

이것은 꼭 물질에만 국한되지 않는다. 만약 돈으로 도울 수 있다면 돈으로 돕는다. 지식이 있다면 지식으로 돕는다. 힘든 사람의 이야기를 들어줄 수 있는 여유가 있다면 이야기를 들어주는 식으로 돕는 것이다. 결국 '멘쉬'는 세상에 선한 영향력을 주는 사람을 일컫는다. '멘쉬'는 누구나 될 수 있다. 그들은 자녀에게 "너의 작은 베풂과 친절로 인해 그가 새로운 삶을 살 수 있단다."라고 반복해서 들려준다. '멘쉬'를 강조하는 부모의 말을 듣고 자란 유대인 아이는 '내가 거들거나 도울 수 있는 게 무엇일까?'라는 생각을 항상 가슴속에 새기고 살아간다.

어린 시절 가정에서부터 인성교육이 이뤄져야 한다. 유모차를 끌고 나오는 모습을 보고 문을 열어주는 것, 두 손 가득히 물건을 들고 있는 택배 기사님을 보고 엘리베이터 버튼을 눌러주는 것, 엘리베이터 문이 닫히려는 순간 사람이 탈 때 다시 '열림' 버튼을 누르는 것 등 부모는 자녀에게 이런 사소한 것부터 알려줘야 한다. 가장 좋은 것은 부모가 먼저 솔선수범하는 모습이다. 무슨 일을 하든지 처음 출발이 좋으면 아름답지만 모든 것이 아름답게 느껴지기 위해서는 마지막이 좋아야 한다. 그 마지막까지 남는 것은 바로 인성이다.

모든 부모가 그렇겠지만 특히 한국 부모는 자녀에 대해 헌신적이다. 이 헌신이 헛되지 않게 내 아이에게 무엇이 우선인지 한번 생각해보자.

주위를 둘러보고 어려운 사람을 도우며 작은 봉사부터 시작한다. 이것은 꼭 거창한 봉사일 필요는 없다. 이때 자녀는 성장과 성숙의 두 마리 토끼를 잡게 된다. 삶의 목표가 돈과 대학이 아닌 이웃의 부족한 부분을 채워주며 한 걸음 앞으로 나아가는 것임을 깨닫도록 자녀를 교육하면 당신은 훗날 주변 사람으로부터 "애가 참 잘 컸네요.", "아이가 행복해 보여요. 어떻게 키우셨어요?"라는 질문을 받게 될 것이다.

♥ 유대인 자녀교육, 이렇게 해봐요!

▶ 올바른 생활 습관을 알려주세요.

▶ 자녀가 하는 말이 바른 말 고운 말이 될 수 있도록 해주세요.

▶ 아이가 다른 친구에게 양보하고 배려했다면 칭찬을 해주세요.

▶ 살아가면서 가장 중요한 올바른 인성을 길러주세요.

02

스스로 믿고 존중하는 자존감을 높여라

지금껏 살면서 1,000명 중에 1등을 해본 적이 있는가? 좀 더 늘려서 10,000명 중에 1등을 해본 적이 있는가? 지금 이 책을 읽는 부모와 우리 아이들은 난자를 향해 돌진하는 정자 중 3억 대 1의 경쟁을 뚫고 이 세상에 생명체로 탄생하게 되었다. 진부한 얘기지만 사실이다. 이것은 실로 대단한 일이 아닐 수 없다. 3억 개 중의 하나로 '내가' 그리고 '우리 아이'가 선택된 것이다.

유대인은 이 세상에 단 한 명도 실수로 태어나지 않았다고 믿는다. 누구나 목적과 사명을 갖고 이 세상에 태어났다는 것이다. 하지만 살면서 내가 얼마나 소중한 존재인지를 종종 잊게 된다. 이스라엘의 부모들은 그들이 부모에게 그렇게 배웠듯이 아이에게도 소중한 존재라는 것을 늘 인식하게 해준다.

자존감은 평생 간다

하버드 대학교라는 곳이 뛰어난 수재들의 집합소라는 것을 우리는 알고 있다. 모든 학생이 공부도 잘하고 남다르다. 하지만 그렇다고 해서 모든 학생이 학교생활에 잘 적응할까? 결론은 '그렇지 못하다.'이다. 이것은 다른 문제다. 하버드대 조세핀 김 교수는 "5년 동안 하버드대학에 있으면서 깨달은 것은, 학생들의 '탁월한 능력'이 아니다. 바로 '자존감'이다."라고 말한다. 자존감이란, 자아존중감과 같은 말이다. 자신의 가치를 알고 이해하며 자신을 평가하는 감정이다. 타인의 평가나 다른 사람의 시선과 비교 따위는 필요 없다. 오로지 스스로 자기 자신을 존중한다.

모든 부모가 자신의 자녀를 사랑하는 마음은 모두 같다. 하지만 자녀를 바라보는 마음에서는 많은 차이가 있다. 유대인은 그들의 자녀를 하나님이 잠시 부부에게 맡겨주었다고 생각하기 때문에 자녀를 모두 특별한 아이로 대한다. 하나님이 택한 민족이라는 선민사상을 꿩장히 자랑스럽게 여긴다. 이 세상을 창조하신 분이 나에게 맡겨주신 자녀이기에 좀처럼 함부로 대하지 않는다. 안식일에 아버지는 아이의 머리에 손을 얹는다. 그리고 "너는 하나님의 선물이란다. 아빠는 네 존재만으로 너무 기쁘고 감사하단다."라고 축복 기도를 한다.

유대인 자녀들은 이 축복의 말을 간직하고 살아간다. 부모의 말과 행동이 자녀들에게 얼마나 많은 영향을 끼치는지 그들은 알고 있다. 유대인 부모는 자신의 말과 행동을 통해 자녀들이 성장한다고 믿는다. 비난과 꾸중만 받고 자란 아이들은 매사에 부정적이며 불평만 하고 자존감이 없다. 그래서 그들은 자녀에게 함부로 말하지 않는다. 늘 자녀의 마음을 헤아려주고 이해하려고 노력한다. 자존감은 선천적이지 않다. 아이의 자존감을 길러주는 가장 중요한 것이 있다. 그것은 아이의 의견을 묻고 결정권을 존중해주는 것이다.

유대인 부모는 '너는 어떻게 생각해?', '네 생각은 어떠니?'라는 말을 가장 많이 사용한다. '숙제 다 했어?', '학원 갔다 왔어?' 등의 '예' 혹은 '아니오'로 답하는 물음은 절대 하지 않는다. '게임 그만해!', 'TV 그만 봐!'라고 야단치고 명령하는 말투로 자녀에게 말하기보다는 '이번 게임은 언제 끝나니?', 'TV 얼마나 더 볼 거야?'라는 식으로 묻는다. 여기서 아이는 부모

에게 존중받고 있음을 느끼게 된다. 의견을 묻는다는 것이 중요하다. 이
것은 아이가 진행 중인 게임을 중간에 끊지 않기 위해 자녀를 존중하고
자존감을 지켜주는 말이다. 아이도 선택할 수 있다는 것을 느끼게 해준
다. 유대인 부모는 아이의 상황을 공감해주고 마음을 헤아려주려고 노력
한다.

성적보다 중요한 것

하버드대 조세핀 김 교수는 공저『0.1%의 비밀』에서 "세계적으로 인정
받는 하버드대에 입학해서 자살을 시도하는 학생을 여럿 보았다. 최근
10년 사이에 자살한 학생 중 절반 이상은 아시아계다. 앞으로 주목해야
할 것은 하버드대 학생의 공부법이 아니다. 바로 '자존감'이다."라고 말한
다. 우리는 살아가면서 한 번쯤은 들어보거나 물어본 적 있는 말이 있다.
그것은 "재 공부 잘해?", 혹은 "너 공부 잘하니?"라는 말이다. 어렸을 적
아이들을 보는 어른들의 시선과 기준은 정해져 있었다. 그것은 공부이고
시험이고 성적이고 대학이다. 그래서 학생들은 공부를 못하면 기가 죽어
지내기도 한다. 공부 못하는 아이로 낙인찍힌다.

유대인은 그렇지 않다. 아이의 존재 자체가 중요하다. 그들은 수능 점

수와 어느 대학에 다니느냐가 중요하지 않다. 만약 시험에서 50점 받는 아이가 60점을 받아왔다면 "와~ 60점이야? 10점이나 올랐네. 잘했어!"라고 용기를 북돋워준다. 그러면 아이는 절대 기죽거나 시험에 대해 더는 두려움을 느끼지 않는다. 자존감이 학업 성취도에 미치는 영향도 크다. 그래서 자신감을 살려주되, 부모 자신의 욕심이 들어가지 않게 노력한다. 유대인 부모는 자신과 자녀를 똑같은 존재로 여기지 않는다. 자녀가 장래에도 자신이 원하고 좋아하는 일을 할 수 있게 한다. "너는 뭐가 되어야 한다", "의사가 됐으면 좋겠다.", "나중에 공무원이 되어라."라고 말하며 부모의 기대를 강요하거나 권하지 않는다.

자녀를 내 소유인 양 생각하지 않고 인격적으로 대한다. 자녀가 하고 싶은 일에 대한 의사를 존중해준다. 이것이 건강한 생각을 하는 부모다. 자녀를 사랑하기 때문이라고 하면서 자녀를 부모가 요구하는 방향대로 끌고 가지 않는다. 그들이 명문대에 들어가는 성적보다 더 관심을 두는 게 있다. 그것은 '스스로 자기 일을 했는가?', '남을 돕고 있는가?', '어른들을 공경하는가?' 등과 같은 것이다. 이 안에는 공부나 성적에 관한 것들이 존재하지 않는다. 자녀를 키우면서 남과 비교하거나 경쟁시키지 않는다. 성적이 떨어졌다고 시험을 못 봤다고 비관하여 자살하는 일도 없다. 그들은 자녀만이 가지고 있는 강점을 최대한 살려준다.

유대인 부모에게는 자녀를 하나님이 잠시 맡겨주셨다고 믿는 믿음이 있다. 그래서 절대 외모로도 사람을 평가하지 않는다. 키가 작은 아이는 작은 대로, 얼굴이 까만 아이는 까만 대로, 부끄러움이 있는 내성적인 아이는 내성적인 대로, 있는 그대로를 존중해주고 격려해준다. 그 아이 자체만의 개성을 사랑해준다. 그래서 그들은 다른 사람의 눈치도 보지 않는다. 남과 비교하지 않는다. 남을 보지 않고 '나만' 보기 때문이다. 이런 분위기에서 아이들은 위축되지 않는다.

세상에서 단 하나뿐인 특별한 존재다

유대인 자녀가 자신을 통해 태어났지만, 하나님의 창조물이라고 생각한다. 그래서 내 아이라기보다 내게 맡겨준 아이라고 생각한다. 그렇기에 몸에 장애를 가지고 태어났다고 하더라도 결코 차별하거나 무시하지 않는다. 장애 아이도 하나님의 계획함과 뜻한 바가 있기에 태어났다고 믿는다. 그래서 자신이 장애를 가지고 있다 하더라도 전혀 주저하지 않는다. 아이는 항상 부모에게 이런 말을 듣고 자란다. "너는 특별하단다. 하나님의 특별한 뜻으로 네가 태어난 거야. 너를 이 땅에 보내신 계획이 있으시단다." 그리고 자녀는 이 말을 믿고 살아간다. 설령 장애가 있다고 해서 위축되지 않는다. 그래서 어디서든 항상 당당하다.

시각 장애인으로 태어난 아이의 이야기가 『탈무드』에 나온다. 사람들은 랍비에게 묻는다. "이 아이는 무슨 죄가 있나요? 왜 태어날 때부터 앞을 보지 못하나요?" 랍비는 "그 아이가 앞을 못 보게 태어난 것을 통해 하나님의 영광을 나타내기 위함이다"라고 말했다. 지금 이 말이 이해가 되는가? 하지만 유대인은 이렇게 믿고 있다. 그래서 이스라엘은 정책적으로 장애인에 대한 배려를 많이 한다. 한 사람 한 사람의 장애 요소를 생각하여 그들에게 맞는 특수교육을 받게 지도한 후 취업까지 연계해준다. 세심하고 적극적인 배려와 함께 "넌 소중한 아이야", "넌 할 수 있다."라는 가치관을 심어준다.

정체성과 가치관이 확고하면 아이는 흔들리지 않는다. 닉 부이치치, 세계적으로 장애를 극복한 인물로 잘 알려져 있다. 그는 해표지증으로 태어났다. 팔이나 다리가 극단적으로 짧거나 손과 발이 몸통에 붙어 있는 장애다. 그에게 유일한 버팀목이자 힘의 원천은 부모님이었다. 팔다리가 없는 그에게 "닉, 너는 신체의 일부가 없을 뿐이야. 다른 모든 것은 정상이야"라고 말했다. 항상 닉을 격려하고 남들과 똑같이 닉을 대했다. 그는 2012년에 일본계 미국인 키나에 미야하라와 결혼 후 쌍둥이를 포함한 5명의 자녀를 낳았다. 또한, 세계를 넘나들며 동기부여 연설가로도 활약 중이다.

자녀는 부모의 말을 듣고 자란다. 부모의 말투와 억양, 분위기와 정서 등을 스펀지처럼 흡수한다. 정신분석학자 프로이트의 어머니는 백발이 된 아들에게 "나의 보배"라고 항상 불렀다. 프로이트는 엄마에게 받은 그 사랑이 본인의 삶에 있어서 큰 힘이 되었다고 고백한 바 있다. "너를 믿는다.", "넌 정말 소중한 아이야." 등과 같은 부모의 말 한마디가 갖는 힘은 굉장하다. 아이들은 부모를 통해 가치관을 배우며 그 과정에서 인격이 형성된다. 그리고 세상 사람을 대한다. 자기 자신을 소중하다고 생각하는 사람들만이 다른 사람도 소중하게 여길 수 있다. 부모의 아이를 향한 존중과 언행이 자녀가 인생을 살아가는 데 가장 중요한 밑거름이 된다.

유대인은 어려서부터 생명의 경외심에 대한 것을 심어주기에 생명을 소중히 여긴다. 그렇기에 자신을 소중하게 여긴다. 유대인 아이들은 자살률이 매우 낮다. 어려서부터 '너는 선택받은 특별한 아이'라는 유대인의 정체성과 생명에 대한 소중함을 갖도록 교육받는다. 우리 아이는 공부도 잘하고 뭐든 잘해서, 키가 크고 외모가 출중해서, 적극적이고 리더십 있어서 사랑하는 것이 아니다. 자녀를 있는 그대로 그 자체로 바라봐주고, 사랑받기 위해 태어난 소중한 아이임을 자녀에게 인식시켜주자. 나와 우리 아이, 3억 대 1의 경쟁률을 뚫고 이 세상에 태어났다.

▶ 평가하는 칭찬이 아닌, 존재 자체의 칭찬을 해주세요.

▶ 자녀가 다른 사람을 보지 않고 '오로지 나만'을 보게 해주세요.

▶ 먼저 자녀의 의견을 물어보세요.

▶ 성장한 아이라도 많이 안아주세요.

혼자의 힘으로 살아갈 수
있어야 한다

법륜스님의 '즉문즉설'에 한 질문이 올라왔다. 40세가 넘은 아들에게 매달 300만 원씩 생활비를 주고 있는데 앞으로도 줘야 하는지에 대한 질문이다. 법률 스님은 "이것은 자녀에게 마약을 주고 있는 것과 같은 거야. 그들의 인생이다."라는 답변을 하였다. "결혼을 안 한 30대 '캥거루족' 54.8%… 부모에게서 독립 못 해." 연합뉴스 기사이다.

최근 많은 사람이 성인이 되었음에도 경제적으로 자립하지 못해 부모님에게 얹혀산다. 이런 청년들을 일컫는 캥거루족이 늘고 있다. 그래서 부모들은 스트레스 때문에 '찬 둥지 증후군'까지 생기고 있다.

교육의 이유는 무엇일까?

한국의 부모들은 아이들이 말하기도 전에 부모는 모든 스케줄과 학원들을 세팅해놓는다. 아이는 가만히 있고 부모가 먼저 움직인다. 하나라도 더 배우게 하려고 뛰어다닌다. 심지어 대학 입학하는 것도 직장에 가는 것도 관여한다. 메가스터디 손주은 회장은 한 인터뷰에서 "학생들이 해야 할 일을 모두 입시상담 기관에서 도맡아 해준다. 부모가 모든 자료를 찾아주고 있는 사례가 늘고 있다. 이렇게 하는 것은 좀 아니지 않냐."라며 우려의 말을 한 적이 있다.

부모 품에 있는 한 자녀는 영원히 어른은 되지 못한다. 자신이 스스로 살 수 있도록 육체적, 정신적, 경제적인 독립을 해야 한다. 유대인은 어려서부터 실패를 경험하더라도 그 결정에 책임지는 자세를 길러준다.

모든 양육은 독립된 인격체로 살아가는 데 필요한 힘을 기르는 과정이기 때문이다. 그것이 목적이 되어야 한다. 자신의 삶을 자신이 주도하지 못한다면 외부 환경에 쉽게 휩쓸리고 만다. 쉬운 예로 그들은 식당에 갔을 때는 부모가 주문하지 않고 아이들에게 메뉴를 고르도록 권한다. 항상 아이 스스로 판단할 수 있는 방향으로 유도한다.

우리나라 식당이나 흔히 볼 수 있는 장면이 있다. 아이는 테이블 위에 올려져 있는 스마트폰 영상에 시선을 집중하고 있다. 엄마는 그런 아이에게 수저에 반찬을 올려 떠먹여주기 바쁘다. 집에서도 종종 밥그릇을 들고 쫓아다니며 돌아다니는 아이에게 밥을 먹여준다. 충분히 혼자서 밥을 먹을 수 있음에도 아이를 나무라기는커녕 부모는 어떻게든 한 수저라도 더 먹이고 싶어한다. 이런 모습들은 우리에게는 흔한 일이지만 이스라엘에서는 상상할 수 없는 광경이다. 그들은 아이에게 밥을 떠주거나 반찬을 수저 위에 올려주는 행동은 하지 않는다. 아이가 편식하여 먹고 싶은 반찬이 없다고 하거나, 아이가 밥을 먹지 않는다고 고집을 피우더라도 유대인 부모는 침착하다. 아이가 원하는 반찬을 다시 해서 준다거나 아이를 달래지 않는다. 더는 선택할 수 없음을 아이에게 알려주고 굶게 내버려둔다. 정해져 있는 식사 시간에 아이들이 오지 않는다면 그 시간은 밥을 먹지 못한다. 유대인 부모는 사랑하는 마음을 숨기며 흔들리지 않고 이런 상황이 있을 때마다 일관성 있게 행동한다.

유대인은 세상을 혼자 살아갈 수 있도록 가르친다

유대인 격언 중에 "동물은 생겨나면서부터 완성물이다. 그러나 갓 태어난 사람을 어떤 모습으로 만들어가느냐 하는 것은 부모의 책임이다."

라는 말이 있다. 부모가 된다는 것, 아이를 낳는다는 것은, 인간이 태어나서 가장 존엄하고 위대한 일이다. 아이는 하나의 인격체로 자라게 된다. 그리고 자립한다. 자립을 시키는 것이 부모로서 해야 하는 마지막 목표이다. 하지만 부모는 그것을 종종 잊고 산다. 유대인의 속담 중에 '자녀는 자녀의 삶을 살기 위해 태어난 것이다."라는 말이 있다.

그래서 유대인 부모는 늘 가르친다. 세상을 혼자서도 살아갈 수 있도록 말이다. '자녀는 강하게 키워야 한다.'라는 철학을 가지고 있다. 대부분의 교육은 아이가 어려서부터 자립심을 키워주는 데 초점을 맞추고 있다. 그들은 자녀들이 세상에 나아갈 때 맑은 날만 있지 않다는 것을 알고 있다. 2,000년이 넘는 세월 동안 나라 없이 멸시와 박해를 받았던 뼈아픈 경험을 잊지 않는다. 그래서 자녀들은 거친 비바람에 부러지지 않는 강한 소나무가 되길 바랐다. 그토록 사랑하는 자녀지만 사랑하는 마음의 반을 기꺼이 숨기고 지혜롭게 자녀들을 양육하는 것이다.

그들은 어느 곳에서든 떳떳하고 자신감 있다. 그것은 자신이 스스로 선택하고 삶을 개척하기 때문이다. 이런 성취감들이 모여 스스로 자기 자신을 더욱 신뢰하게 된다. 그러기 위해서는 자신을 존중하고 있는 그대로 인정하는 자존감이 필요하다. 아이에게 애착 관계가 형성되는 만 3

세까지는 안정감과 충분히 사랑받고 있다는 느낌이 중요하다. 아이가 이성적으로 잘못을 알 수 있는 만 4세부터는 규칙을 가르치고 잘못을 할 때 대화로 알려준다. 아이 혼자서도 할 수 있는 일은 엄마에게 도와달라고 해도 단호하게 거절하되 격려해준다.

아이들이 초등학교에 들어가면 유치원과는 공기가 다르다는 것을 알게 된다. 부모들도 이 시기에는 학부모가 된 것처럼 아이의 기특함과 걱정이 공존하는 시기이다. 초등학교 저학년 시기에는 아이들도 학교가 새롭고 엄마들도 긴장된다. 만약 아이가 조금이라도 불이익을 받아오거나 친구에게 놀림을 당해오는 날이면 엄마는 예민해진다. 부모들이 가장 관심 있는 부분은 소중한 우리 아이가 친구들과 잘 어울리고 있나 하는 것이다. 초등 저학년 때는 공부보다는 친구 관계가 앞서기 때문이다.

내가 가장 많은 질문을 받은 부분은 친구들과의 관계 부분이다. 유대인 부모는 그저 '친구들과 사이좋게 지내'라고 말하지 않는다. 이스라엘에선 왕따가 많지 않다. 우리 아이가 놀림을 당하거나 부당한 대우를 받고 왔을 때 기분 좋은 부모는 없다. 만약 자녀가 놀림을 당하고 집에 돌아와 기가 죽어 있다면 우선 유대인 부모는 상황을 물어본다. 부당한 일을 당했을 경우 단호하게 말하도록 가르친다. 어린아이일지라도 자신의 의견을 피력할 수 있게 교육한다. 여기서 포인트는 '표현'이다. 싫으면 "싫다", 속상하면 "속상하다", 혹은 "안 돼", "하지 마" 등의 표현을 아이가 정확하게 할 수 있도록 교육한다.

소리치지 않는 부드러운 카리스마

유튜브 〈조승연의 탐구생활〉로 잘 알려진 조승연 작가가 미국 학교에서 있었던 일화를 언급한 적이 있다. 고교 시절 부모님 동의하에 유대인 친구네 집에서 새벽까지 놀고 늦잠을 잤던 경험을 이야기한다. 그다음 날 늦게 일어났다. 학교에 가야 하는 셔틀버스는 단 한 번 8시에 온다. 한국 어머니라면 어떻게 할까? 아이를 흔들며 "빨리 일어나, 학교 가야지"라고 서두를 것이다. 만약 셔틀버스를 놓쳤다면 학교까지 태워줄 것이다. 이것은 결국 부모가 아이의 자립심을 빼앗는 꼴이다. 여기서 유대인 가정의 등교할 때 아이 모습을 엿볼 수 있다. 아이의 방을 노크한다.

그리고 "일곱 시 반!"이라고 이야기한다. 조승연 작가는 "저희가 일어났을 때는 9시 30분이었고 부모님들은 모두 출근하고 아무도 안 계셨어요. 허겁지겁 무거운 가방을 메고 4km를 걸어갔어요. 교감 선생님은 늦은 아이들이 어찌 된 영문인지 유대인 엄마에게 전화하신 거예요." 유대

   유대인 자녀교육의 정석

인 엄마는 "아이들을 깨웠는데도 일어나지 않았으니 제대로 혼내서 보내 주세요."라는 말을 했다고 한다.

가끔 늦게 자는 자녀에게 "빨리 자라"라고 부모들은 한두 번 말하지만, 아이가 "조금만 더 늦게 잘게요."라고 한다면 그대로 놔둬야 한다. 그로 인해 그다음 날 지장이 있더라도 그것은 자신이 처리하도록 한다. 이렇게 함으로써 아이는 자기 통제력이 생긴다. 어떻게든 흔들어 깨워서 학교에 태워다주는 한국 부모와 어려서부터 한 일에 책임을 지게 하는 유대인 부모와 정서가 다름을 느낄 수 있다. 여기서 눈여겨보아야 할 포인트는 자신의 한 일에 대한 '책임'이다. 모든 부모가 아이가 책임질 일을 대신 처리해준다면 자녀들은 점점 부모의 인생을 대신 사는 듯한 착각을 한다. 하지만 그 삶은 수동적인 것이 될 것이다.

어려서부터 옷을 입고 양말 신는 일, 유치원 도시락 통을 가방에 챙기는 것 역시 스스로 할 수 있게 해야 한다. 그리고 초등학교 가서 아이가 숙제와 준비물을 챙겨 오지 않아 선생님께 지적을 받는다고 하더라도 그것은 아이가 책임져야 하는 일이다. 부모는 아이와 마주하게 될 장애물을 모두 치워줄 수 없다. 아이가 혼자서도 할 수 있는 일은 오래 걸리더라도 혼자 할 수 있도록 한다. 시도해보지도 않고 어른이 도와주거나 도움을 청했을 때 즉각 도와준다면 아이는 혼자 설 수 없다.

세상을 살다 보면 모든 일이 내 마음과 같지 않다. 내 뜻대로 안 되는 일도, 예상치 않는 일도 생기기 마련이다. 자녀가 꽃길만 걷기를 바라는 것은 모든 부모의 마음이다. 부모는 자녀 앞에 있는 장애물을 모두 치워주고 싶지만 가능할까? 불가능하다. 부모들은 모두 알고 있다. 자신에게도 뻥 뚫린 직진 코스만 있지 않았다. 커브 길도 만나고 꽉 막힌 길도 만난다. 아이도 마찬가지다. 부모가 언제까지 자녀와 함께 할 수 없다면 어떤 상황에서도 살아갈 힘을 키워주도록 해야 한다. 공부만 잘하는 엘리트가 아니라 혼자의 힘으로 살아갈 수 사람이 될 수 있도록 말이다.

04

성공의 가장 중요한 열쇠,
정직과 신뢰

한 유대인이 펍에 들어와서 맥주 한 잔을 주문했다. 술집 사장은 맥주 절반쯤에 거품이 반쯤 들어 있는 맥주를 손님에게 가져다주었다. 그때 유대인 손님이 물었다.

"하루에 맥주를 몇 잔 정도 파시나요?"

"하루에 약 서른 잔 정도는 팝니다."

"맥주를 더 많이 팔 수 있는 방법을 알려드릴까요?"

술집 주인이 몸을 앞으로 숙이며 물었다.

“어떻게 하면 될까요?”

유대인 손님이 말했다.

“잔에 거품 대신 맥주를 가득 채우면 됩니다.”

잔꾀로 남을 속이지 말고 정직하게 경영하면 장사도 더 잘된다는 것이다. 우리는 일상생활 속에서 이런 비슷한 일들을 많이 경험하게 된다. 신뢰를 쌓기 위해 정직은 없어서는 안 될 필수 덕목이다. 유대인은 어렸을 때부터 정직에 대한 것을 철저하게 가르치고 있다.

정직하면 당당하다

정직은 그들이 가장 중요하게 생각하는 삶의 가치이기도 하다. 이스라엘의 경제를 떠받치는 주력 수출품은 다이아몬드이다. 원석을 가공하는 경로부터 판매까지 대부분을 유대인이 핸들링하고 있다. 이스라엘의 수도인 텔아비브 한복판에는 30층 정도 되는 ‘다이아몬드 센터’가 있다. 이곳에는 2천여 개가 넘는 다이아몬드 생산회사와 1천여 개에 이르는 다이아몬드 판매회사가 있다. 그런데 이것을 거래하는 과정이 너무나 신기하다. 값비싼 다이아몬드를 거래하면서도 계약서나 영수증 등과 같은 자료가 필요 없다. 그들은 오로지 '악수' 하나로 거래가 성사된다. 유대인은 돈보다 신용이 먼저다. 즉 정직한지 신뢰가 있는지가 중요하다.

고가의 다이아몬드 거래를 단 악수 하나만으로 성사를 시킨다는 것이 선뜻 이해되지 않는다. 하지만 이 모든 것이 철저한 신뢰가 바탕이 되는 사회가 바로 다이아몬드 거래 사회이다. 그래서 한번 신뢰를 형성했으면 끝까지 믿어준다. 그들은 『탈무드』를 통해 '거짓말을 절대로 해서는 안 된다.'는 것과 '신뢰를 지켜야 한다.'는 것을 배운다. 『탈무드』에는 거짓말을 했을 경우 내리는 벌이 있는데 그것은 '어떤 진실을 말한다고 할지라도 믿지 않는다는 것'이다. 만약 누군가 거짓말을 했다면 이름이 알려질 뿐만 아니라 다시는 거래하던 곳에 발을 붙일 수 없다.

인지심리학자로 유명한 아주대학교 김경일 교수는 "인류 생존의 가장 큰 힘이 정직함이다. 정직은 나와 내 자녀가 가져야 하는 가장 중요한 역량이다."라며 정직함의 가치를 강조했다. 유대인은 만약 아이가 빵집에서 거스름돈을 더 받아 올 때 당장 돌아가 돌려줘야 한다는 것을 알려준다. 작은 거짓말이라도 하게 되면 움츠러들거나 숨기려 하기 때문이다. 그 안에는 거짓말에 새로운 거짓말이 꼬리를 물게 될 뿐 아니라 숨기는 것이 있으면 당당할 수 없다. 즉 불안하게 되고 나도 모르게 숨어버리게 된다. 유대인의 이런 꾸미지 않은 솔직함과 당당함은 그들에게 강한 무기로 작용한다. 이것의 바탕에는 바로 '정직함'이 자리 잡고 있다.

우리는 과거 정직하지 못한 일들로 인해 되돌릴 수 없는 일들이 있었다. 오래전 일이지만 한강의 성수대교 상판이 무너진 사고가 있었다. 이 사고로 49명이 추락하였고 그중 32명이 사망하였다. 설계와 시공관리가 모두 미흡했다. 건설사의 부실 공사와 담당 공무원의 감사까지 모든 것이 정직하지 않았던 것이 사고의 원인이었다. 최악의 인명사고를 기록한 삼풍백화점은 원래 상가로 설계되어 있었다. 추후 정밀 구조 진단을 하지 않고 백화점으로 변경되었다. 또한, 무리한 확장공사가 수시로 진행되어 20초 만에 건물이 와르르 붕괴하는 사건이 일어난 것이었다. 정직하지 못한 결과로 성수대교와 삼풍백화점은 한순간에 모래성처럼 무너졌다.

부모의 삶으로 먼저 가르쳐라

유대인은 정직을 부모의 삶으로부터 배운다. 유대인 부모는 아이에게 무언가를 요구했을 때 부모가 솔선수범한다. 즉 일찍 일어나라고 말하기 전에 부모가 먼저 일어난다. 또한, 거짓말을 하지 말라고 가르치면 부모가 먼저 정직한 모습을 보인다. 여기서 중요한 것은 부모의 행동이다. 유대인 부모는 말로만 가르치지 않는다. 자신의 행동으로 먼저 자녀에게 보여준다. 아이는 부모의 말과 행동을 보고 자라기 때문이다. 그래서 유대인 부모는 아이에게 사실과 진실만을 이야기한다.

유대인은 거짓된 달콤한 말로 아이에게 헛된 망상을 갖게 하지도 않는다. 많은 아이가 12월 24일에 설레며 산타 할아버지의 선물을 기다리며 잠이 든다. 그러나 유대인 아이들은 크리스마스 때 산타 할아버지의 존재를 모른다. 만약 아이들이 묻는 경우 "산타 할아버지는 이 세상에 없단다. 어른들이 너희들을 밝고 즐겁게 자라도록 지어낸 이야기란다."라고 말한다. 그들은 현실적인 사고를 한다. 그렇기에 때문에 없는 것을 있는 것으로 이야기하지는 않는다.

이를테면 있는 사람을 "없다고 해"라며 부모가 아이에게 시키는 것이다. 이건 정직하지 않은 모습이다. 이렇게 변명하는 일들은 유대인에게서 찾아보기 힘들다. 보통 뷔페나 놀이공원에서는 연령대별로 할인이 적용된다. 만일 8세 아이와 뷔페나 놀이공원에 갔을 때 7세까지만 할인 적용이 된다면 아이에게 이렇게 말할 수도 있다. "키 작아서 7세라고 해도 괜찮아. 지금부터 잠깐 일곱 살이야. 알겠지?"라고 말이다. 이것은 부모가 거짓말을 가르치는 격이 된다. 이렇게 하면 자녀에게 정직함을 가르칠 수 있을까? 정직은 부모가 먼저 마음을 지켜야 한다.

지식공유 플랫폼 기업 (주)디쉐어의 창업자인 현승원 의장은 최근 100억을 기부하며 보건복지부 장관 표창을 받았다. 그의 부모님이 가장 강조하는 것은 '거짓말을 해서는 안 된다.'는 것이다. 그는 어린 시절 학습지 3문제의 답을 베끼고 그 부모에게 나서 모두 풀었다고 거짓말을 했었다. 그리고 풀지 않았다는 것이 금세 들통났다. 그 후 거짓말을 했다는 사실에 TV에서나 나옴 직한 상황이 벌어졌다. 아버지가 그에게 회초리로 아버지의 종아리를 때리라고 한 것이다. 심지어 어머니까지도 때리라고 하셨다. 그는 아픈 '학습지 사건'을 회상하며 다시는 거짓말을 하지 않기로 다짐했다.

자신에게도 정직해라

유대인들은 어렸을 때부터 철저하게 정직에 대한 가르침을 받는다. 유대 전통적 신앙을 고수하는 학교에서는 시험을 볼 때 시험 감독을 따로 세우지 않는다. 그만큼 자기 자신과 타인에게도 정직하다는 것이다. 정직은 자신의 양심을 지키는 가장 중요한 덕목이다. 『유대인의 성공 코드』에서는 유대인이 성공하게 된 10가지 요소로 인내력, 창의력, 열린 사고 등을 나열하고 있다. 여기서 맨 마지막에 '정직'이 거론되는데 이 책의 저자 헤츠키 아리엘리는 '이 모든 과정이 정당하고 정직하게 이루어지지 않는다면 모든 능력이 부질없는 일이 된다.'라고 '정직'의 중요성을 강조하였다.

유대인은 사람이 숨을 거둔 후에 반드시 하나님에 심판을 받는다고 믿고 있다. 그때 하나님의 첫 번째 질문이 바로 '정직했느냐?'라는 것이다. "철없을 때 훔친 과잣값 15년 만에 변상해 드립니다"라는 기사가 지면에 등장했다. 과거에 저지른 자신의 잘못을 마음속에 담아두었다가 세월이 지난 후 털어냈다. 15년 동안 그의 마음이 어땠을까? 그렇다. 누군가를 속이면 자유로울 수 없다. 그것은 나 자신에게도 해당한다. 정직하다는 것은 이 세상을 살아가는 데 있어 자유롭다는 것이다. 나와 타인 모두에게 떳떳해야 하지만 특히 나 자신에게 더욱더 정직해야 한다. 그때야 비로소 나의 정체성은 단단해진다.

그들은 약속 또한 일종의 계약이라고 생각한다. 그래서 그 대상이 설령 자녀라고 해도 무심코 지나가지 않는다. 『탈무드』는 '아이와의 약속을 지키지 않는다는 것은 거짓말을 가르치는 것과 같다.'라고 말한다. 약속은 반드시 지키라는 것이다. 부모가 약속을 쉽게 어기는 모습을 아이는 그대로 보고 배우게 된다. 살아가면서 가장 중요한 신뢰가 가볍게 무너지는 것을 부모에게 배우는 셈이다. 유대인 부모도 피치 못할 사정으로 약속을 지키지 못할 경우가 있다. 그렇다면 사전에 아이에게 충분한 이해와 양해를 구해야 할 것이다.

우리나라 위인 중에도 정직과 신뢰를 강조한 분이 계신다. 진정한 우리 민족의 스승이기도 한 도산 안창호 선생이다. 그는 "정직과 성실만이 나라를 구하는 유일한 길이다. 그러므로 죽더라도 거짓이 없어라. 농담하더라도 거짓을 말하지 말고, 혹 꿈에라도 거짓말을 해서는 안 된다."라고 하셨다. 그가 아이와 약속한 선물을 사러 나갔다가 붙잡힌 일은 세상에 잘 알려지지 않은 사실이다. 일본 헌병에게 붙잡힐 것을 알면서도 아이와 한 약속을 지키는 것을 중요하게 생각했던 것이었다. 그 뒤 일본 헌병에게 붙잡혀 옥살이하고 끝내 세상을 떠났다. 도산 안창호 선생은 말과 행동이 일치했다. 그렇기에 100년이 지난 지금까지도 많은 사람이 그를 존경하고 있다.

영국 속담 중에 "하루가 행복하려면 이발을 해라. 일주일이 행복하려면 결혼을 해라. 한 달이 행복하려면 말을 사고, 일 년이 행복하려면 집을 지어라. 하지만 평생 행복하려면 정직해야 한다."라는 말이 있다. 정직이란 나 자신뿐만 아니라 다른 사람에게도 솔직하게 대하는 것이다. 정직하면 세상을 살아가는 데 있어 자유롭다. 그것은 긍정적인 삶으로 이끌어주는 원동력이 되고 그런 당당함과 밝은 에너지는 주변에까지 영향을 끼친다. 이렇게 정직함이 중요하다는 것을 부모가 알고 자녀에게 모범이 되어 그 가치를 전해주길 간절히 바란다.

♥ 유대인 자녀교육, 이렇게 해봐요!

▶ 아이가 거짓말을 했다고 해도 '나쁜 아이야'라는 말은 하지 마세요. 거짓말을 한 자체만 언급하되 그래도 변함없이 사랑한다는 것을 표현해 주세요.

▶ 나에게 뒤돌아보는, 나에게 집중하는 시간을 가질 수 있게 해주세요.

▶ 부모가 먼저 솔직해지세요. 혹시 잘못이나 실수를 했다면 인정하고 사과하는 모습을 보여주세요.

05

유머라는 무기가 남들보다 앞서게 한다

유대인은 기본 세 가지 언어를 사용한다. 첫째는 태어나서 사는 곳의 언어, 둘째는 이스라엘의 모국어인 히브리어, 셋째는 유머이다. 유머가 없는 사람을 경멸하기도 한다.

유대인은 히브리어를 모르는 사람은 있다. 그러나 유머가 없는 사람은 없다. 대학 졸업장은 필요 없어도 유머와 웃음은 꼭 있어야 한다고 말하는 사람들이 유대인이다. 『탈무드』에는 이미 '비즈니스 세계에서 긴장감이 맴돌 때, 수업을 시작할 때는 유머로 사용하라'라고 권장하고 있다. 하나님이 내린, 인간만이 누릴 수 있는 특권을 잘 활용하고 있는 셈이다.

위기 상황에 마음을 다스리는 유머

프랑스인과 이탈리아인, 유대인이 총살형에 처하게 되었다. 사형 집행인이 마지막 식사로 뭘 먹고 싶으냐고 물어보았다. 프랑스인은 "맛있는 프랑스 와인에 프랑스 빵이 먹고 싶다."라고 말했다. 그는 자신의 바람대로 식사를 마치고 처형되었다. 다음 이탈리아인은 "파스타를 푸짐하게 먹고 싶다."라고 했다. 이탈리아인 역시 그가 바라던 대로 식사를 한 후에 처형되었다. 이번에는 유대인 차례였다. 그는 "큰 접시 위에 가득 놓인 딸기가 먹고 싶다."라고 말했다. 이 말에 사형 집행인은 놀람을 금치 못했다. "뭐라고? 딸기? 지금이 어느 땐데! 지금 어디서 딸기를 구해!" 그러자 유대인은 이렇게 말했다. "그럼 딸기가 날 때까지 기다리죠."

― 이희영, 『솔로몬 탈무드』 중에서

우리가 생각한 유머와 유대인이 생각하는 유머는 본질이 조금 다르다. 노예 생활부터 나라가 소멸하는 상황에서도 유머로 그 상황을 뛰어넘었다. 유대인은 유머로 늘 힘든 상황을 넘겨왔다. 그래서 지금도 낙심되는 상황에서 유머를 사용하라고 가르친다.

유대인은 즐거울 때만 웃지 않는다. 이것이 가장 중요한 점이다. 병들었던 사람이 건강해졌을 때만 일이 잘되는 상황에서만 웃는 것이 아니라 낙심되고 힘든 상황에서도 웃는 것이다. 가난했을 때도 고난을 받을 때도 괴로울 때도 마찬가지다.

과거 히틀러가 유대인을 대량 학살하기에 앞서 유대인에 대한 압력이 거세졌다. 재산을 몰수하고 그들을 추방하려 했다. 많은 유대인이 독일을 탈출하려 했지만, 나라마다 많은 돈이 필요하거나 조건이 맞아야만 이민할 수 있었다. 결국, 어느 나라도 받아주지 않고 문호는 닫히고 있었다. 출입국관리소에서 선 채로 이러지도 저러지도 못하는 긴급한 상황이 벌어졌다. 이때 유대인은 "혹시 여기 말고 다른 지구가 있을까요?"라며 유머로 정신의 자유를 만끽했다.

유대인은 웃음과 유머의 효용을 알고 있기에 어릴 적부터 유머의 힘에 대해서 가르친다. 그만큼 유대인에게 유머는 각별하다. 시중에 나온 '유대인 유머'에 관한 책을 종종 볼 수 있다. 그들이 박해와 고난을 견디기 위해서는 위트 있는 유머는 절대적으로 필요한 것이었다. 유머는 지적인 놀이로 수준 높은 지성에서 나오는 것으로 여겼다. 그래서인지 히브리어로 지혜와 유머 둘 다 '호프마'라고 부른다. 유머는 자칫 경직되기 쉬운 분위기를 승화시킬 수 있다.

　유대인 자녀교육의 정석

웃음의 민족

"그는 나를 웃게 만들어요.", "그와 있으면 재미있어요." 개그맨과 결혼하거나 사귀는 여성들이 인터뷰에서 자주 하는 말이다. 유머가 있는 재미있는 남성은 인기가 많다. 그래서인지 남자 개그맨들의 아내들은 놀라운 미모로 눈길을 끈다.

한국에서 인기 있는 장수 프로그램은 웃음을 주는 예능 프로그램들이다. 얼마나 '재미' 있는가가 시청률을 결정하고 트래픽을 증가시킨다. 웃는 순간은 즐겁고 행복한 것임은 분명하다. 그렇기에 영상뿐 아니라 웹툰이나 웹 소설에서도 유머는 빠질 수 없는 요소다.

찰리 채플린은 "웃지 않고 지나간 날은 실패한 날이다."라고 말했다. 유대인은 유머를 즐길 줄 안다. '책의 민족'이라고 일컬어지는 것과 동시에 '웃음의 민족'이라고도 불린다. 그것을 방증하듯 미국 내 개그맨을 포함한 유머 관련 직업인의 80% 이상이 유대인이다. 우리나라는 유교의 영향을 받아왔다. 유교 사상에서는 고매한 공자와 맹자가 농담을 주고받는다는 것은 쉽게 상상되지 않는다. 반면 유대인 심리학자 프로이트와 아인슈타인이 당시 개그맨처럼 유머로 사람들에게 웃음을 주었다.

프로이트는 "유머는 유아기의 놀이적 마음 상태로 돌아가게 만드는 어른들의 해방감"이라고 표현했다. 아인슈타인은 노벨 시상식장의 소감 중에서 "나를 키운 것은 유머다. 내가 보여줄 수 있는 능력은 조크다"라고 말했다. 또한, 어떠한 일로 괴롭거나 긴장되는 마음을 위로해주는 것도 유머다. 유대계 금융재벌 로스차일드는 입버릇처럼 자신의 무기는 유머였다고 말했다. 웃음을 강력한 무기처럼 여긴다. 괴로움과 가혹한 상황에서도 희망을 잃지 않고 현실을 유머로 잠재웠다. 유머를 고난과 고통을 이겨내는 통로로 사용한 것이다.

JTBC에 〈1호가 될 순 없어〉라는 프로그램이 방영됐었다. 박미선, 최양락, 갈갈이 박형준 부부 등이 나와 개그맨 부부의 실제 결혼 생활을 보여주었다. 개그맨 부부는 음악가 부부나 연기자 부부와 비교해 이혼한 커플이 한 쌍도 없다. 개그맨 커플들은 입을 모아 다투고 싶어도 웃음이 나와 싸움이 지속해서 이어지지 못한다고 말했다. 싸울 수 없는 환경인 것이다. 진정 강한 사람은 유머로 여유를 챙길 줄 아는 사람이다.

유대인은 유머가 부족하거나 이해하지 못하는 사람을 "머리를 숫돌에 갈아야겠다."라고 표현한다. (숫돌은 보통 잘 안 드는 칼이나 가위를 날카롭게 만들기 위해 가는 돌이다.)

유머의 힘은 강력하다

어린아이들은 뭐가 그리 재미있는지 사소한 일에도 밝게 웃는다. 네 살배기 아이는 하루 평균 300번 웃는다. 그에 반해 나이가 들수록 두세 달 동안에 300번 웃는다. '웃음은 모든 약 가운데 으뜸이다.'라는 말은 맞을까? 미국의 굿맨 박사는 "하루에 성인들이 열 다섯 번만 웃어도 현재의 환자 수를 낮출 수 있다."라고 말한다. 미국의 리버트 박사는 18년 동안 웃음 의학을 연구했다. 웃음을 터뜨리는 사람의 피를 뽑아 분석했다. 그 결과 암이 발생할 수 있는 세포를 공격하는 '킬러세포'가 다량 생성되어 있었다고 밝혔다.

사람이 웃을 때는 엔도르핀을 포함한 21가지 쾌감 호르몬이 쏟아진다. 실제로 통증이 심한 환자들을 대상으로 웃음 수업을 하게 한 결과 신체적 고통이 감소했다. 웃음은 마약성 진통제 모르핀보다 300배 강한 위력을 발휘하는 천연 진통제이다. 또한, 세포는 면역 시스템에서 병균을 차단하는 항체인 '인터페론 감마' 분비를 촉진한다. 이것은 바이러스에 대한 저항력을 키워준다.

하루는 유머 퀴즈를 좋아하는 둘째가 내게 문제를 냈다. "이 사람은 날마다 이상한 것만 쳐다봐요. 그리고 어른이나 아이 모두 가장 가기 싫어

하는 곳에서 일해요. 이 사람은 누구일까요?” 잠시 생각하고 내가 말했다. “치과의사!”

실제 우리 아이들이 다니는 치과는 여의사인데 무척 재미있다. 주먹을 꽉 쥐고 긴장한 아이에게 “그동안 잇몸과 이가 사이좋게 지냈는지 한번 들여다볼까?” 한다든가, “입속이 동굴처럼 캄캄하네, 플래시 좀 비출게?”라고 말하며 조명을 끌어온다. 유머 있는 말로 겁먹은 아이의 공포심을 풀어주었다. 아이의 주먹이 조금씩 느슨해짐을 느낄 수 있다. 이런 위트 있는 유머는 순간의 스트레스를 극복할 수 있게 도와준다.

절망에서 희망을 향한 사례도 있다. “나는 영원한 불구자요. 불구인 나를 아직도 사랑하오?”라고 한 남성이 물었다. 여성은 “아니 제가 당신 다리만 사랑했나요?”라고 답했다. 그녀는 미국 제32 대통령 루스벨트의 아내 엘리너 루스벨트다. 왕성하게 정치 활동을 하던 루스벨트에게 소아마비로 평생 걷지 못하는 일이 벌어졌다. 평생 휠체어를 타고 다녀야 한다는 생각에 낙담해 있던 남편에게 절묘한 대답을 한다. 루스벨트는 장애인의 몸으로 당시의 혼란스러웠던 대공황을 극복했다. 엘리너 루스벨트는 미국에서 가장 호감 가는 퍼스트레이디로 꼽힌다. 아내의 재치 있는 말 한마디가 날벼락처럼 갑자기 두 다리를 못 쓰게 된 낙심한 남편의 마음을 움직인 것이다.

그렇다면 무미건조한 사람이 후천적으로 유머 기를 수 있을까? 대답은 '있다'이다. 심리학자에 따르면 유머도 근육 운동처럼 연습하면 단련시킬 수 있다고 한다. 유머에 관심이 있다면 유머가 들어 있는 책을 읽는 것도 좋다. 거기서 간단한 유머는 외우며 자녀와 함께 '유머 노트'를 만드는 것도 좋다. 유머 퀴즈를 내거나 맞히는 연습을 함께 한다. 또래 관계에서 유머 퀴즈는 인기가 많다. 전문가들은 한 가지 덧붙여 조언한다. 유머는 조급함에선 나올 수 없다. 유머는 세상을 어떻게 바라보고 있느냐에 따라 관점이 달라지기 때문에 여유를 갖게 되면 도움이 된다.

현재도 유대인은 자녀에게 유머와 웃음의 위력을 강조한다. 『탈무드』에도 "모든 생물 중에서 인간만이 웃는다. 인간 중에서도 현명한 사람일수록 잘 웃는다."라고 했다. 힘든 상황일수록 여유를 갖고 유머로 이겨내는 법을 아이에게 알려주자. 텐션이 업되어 있는 열린 마음에서 유머와 웃음은 배가 된다. 부모가 던지는 유머에 함께 웃고 즐기면 아이는 화기애애한 그 분위기를 배운다. 부모의 웃는 모습에 자녀의 마음이 녹고 집안 분위기는 부드러워진다. 아이를 포함해서 남편과 아내가 이야기할 때 유머 코드가 맞지 않는다고 하더라도 열린 마음으로 박장대소해주자. 유머를 아는 아이는 인생의 난관이 와도 미소 지으며 묵묵히 앞으로 걸어갈 것이다.

▶ 초등학생이 가장 좋아하는 동네는?　　　　　　　　방학동

▶ 중고등학생이 타는 차는?　　　　　　　　　　　중고차

▶ 도둑이 가장 싫어하는 아이스크림은?　　　　　누가바

▶ 도둑이 가장 좋아하는 아이스크림은?　　　　　보석바

▶ 먹고 살아가기 위하여 누구나 한 가지씩 배워야 하는 술은?　기술

06

나를 만나게 하는 여유와
풍요로움의 시간

유대교가 다른 종교와 확연하게 구분되는 날이 있다. 바로 '사밧'이라고 하는 주말 안식일이다. 유대인은 안식일을 최초로 만든 민족이기도 하다. 유대교 3대 명절은 유월절, 칠칠절, 초막절이다. 초막절은 우리나라의 추석과 비슷한 의미를 갖는다. 하지만 가장 중요하게 생각하는 날을 물어보면 어김없이 안식일이라고 대답한다. 『토라』 창세기에는 하나님이 엿새 동안 천지 만물을 창조하셨다. 그리고 일곱째 날에 쉬셨다고 나와 있다. 안식일에는 하나님이 쉬셨기 때문에 하나님이 하신 것처럼 그들도 안식일을 공휴일로 지정했다. 그리고 나와 마주하는 시간으로 사용한다.

안식일은 히브리어로 '그만두다', '중지하다'라는 뜻이다. 실제 유대인은 과거에 노예 생활을 했다. 노예는 쉴 수가 없다. 365일 24시간 대기해야만 한다. 계속 일을 하면서도 주인이 언제 어떻게 부를지 모르는 상황이다. 노예였던 유대인에게 쉼이 생겼다. 구약성경 출애굽기 31장 41절에는 "안식일은 너희에게 거룩한 날이다. 너희는 안식일을 지켜야 한다. 그날에 일하는 사람은 누구든지 죽게 될 것이다."라고 기록되어 있다. 안식일을 지키지 않을 때는 가차 없이 죽임을 당할 정도로 엄중하게 지켰다. 하나님은 쉼이 없는 삶이 어떤 삶인지 알고 계셨을까? 쉼이 없었던 그들에게 하나님은 강제로라도 안식을 주신 것이었다.

유대인은 안식일이 되기 전 집 안 구석구석을 청소하며 깨끗한 옷으로 갈아입고 거룩한 성소에서의 안식일을 준비한다. 가정도 성소와 동일하게 생각하기 때문이다. 해가 저물기 전 엄마는 촛불 켜는 것으로 안식일이 시작됐음을 알린다. 이때는 불을 켜고 끄는 것, 가스 불을 켜는 것, 과일을 깎는 것 등을 모두 할 수 없다. 업무와 관련된 이야기를 나눠서도 안 된다. 사업에 관한 책을 읽거나 이메일을 보내는 것도 안 된다. 이날은 아주 급한 일이 아니면 유대인 친구에게 연락하지 않는 것이 기본 예의다. 다시 말해 일이라고 간주하는 모든 것을 할 수 없다. 일상을 내려 놓고 무조건 쉬어야 한다. 그들은 매주 금요일 저녁이면 어김없이 안식 일을 목숨처럼 지킨다.

유대인 엄마는 요리는 물론 집 안 청소도 할 수 없기에 촛불 켜기 전 하루 동안의 식사를 미리 준비해놔야 한다. 유대인들이 철저히 지킨 안식 일은 결국 오늘날의 유대인을 지켰다고 말한다. 나라 없이 떠돌며 살아 갔지만 다른 문화에 동화되지 않고 유대인이라는 정체성이 흔들리지 않 았다. 심지어 그들은 독일 나치 시절 아우슈비츠 포로수용소에 들어갈 때도 안식일 저녁에 필요한 용품들만 챙겼다. 그리고 갇혀 있으면서도 날짜를 세면서 안식일을 지켰다. 제3차 중동전쟁 중에도 안식일을 지킨 일화가 있다. 1967년 6월 5일부터 이스라엘은 단 6일 만에 전쟁을 끝냈 다. 이집트, 시리아, 요르단을 격파하고 7일째에는 안식일을 지켰다.

손 그린은 과거 LA 다저스에서 박찬호와 함께 뛰던 유대인 야구선수 다. 그는 토요일이면 경기에 나서지 않았다. 안식일을 지켜야 한다는 이 유에서다. 다저스의 전설인 샌디 쿠팩스 역시 세계 최고의 프로야구 결 승전인 월드 시리즈에서 선발투수의 영예를 스스로 포기했다. 모든 야구 선수가 부러워하는 자리였지만 유대교의 율법을 따르는 것이 우선이었다. 이것은 스스로 유대인임을 자랑스럽게 생각하는 계기가 되었다. 이렇듯 많은 유대인이 안식일을 통해 구별됨을 확인한다.

안식일의 비밀

유대인은 수천 년 전부터 인공지능 시대가 도래한 지금까지도 복잡하고 까다로운 절차를 지키며 안식일을 보낸다. 또한, 세계 어느 곳에 살든지 안식일이 되면 온 가족이 안식일 식탁에 모인다. 매주 금요일 일몰부터 토요일 일몰까지 24시간의 마법이 시작된다. 바쁜 일상 속에 쫓겨도, 안식일 식탁은 반드시 동참했다. 이날 대부분의 유대인 아버지는 오후 3시가 되면 집으로 돌아온다. 유대인 어머니는 매주 금요일을 일주일 중에서 가장 맛있고 풍성한 음식을 준비한다. 아이들은 자신이 좋아하는 음식을 먹을 수 있는 날이기에 이날을 손꼽아 기다린다.

안식일이 시작되는 금요일 저녁 예배는 거룩한 날로 들어가기 위한 예배이다. 식사가 시작되기 전 제사장인 아버지가 식사 기도를 하고 안식일 빵을 나눠준다. 안식일 제사장인 남편의 할 일 중 하나는 아내를 위한 축복의 노래나 기도를 하는 것이다. 내용은 이러하다. '하나님, 안식일 식탁을 준비한 아내의 손길을 축복하시고 당신의 자녀를 지켜주세요.' 때론 절기에 따라 예배가 길어질 수도 있다. 하지만 그 안에서 아이들은 인내와 자제심이 길러진다. 예배 시간에 잊지 않는 것이 있다. 바로 가난한 이웃을 위한 동전 모으기 의식, '쩨다카'이다. 자녀들은 이 의식을 통해 자선을 선택적으로 해야 하는 것이 아니다. 살면서 당연히 해야 하는 의무임을 마음속에 새기게 된다.

아이들은 한 주간에 있었던 이런저런 이야기를 나누며 가족끼리 다양한 경험을 나눈다. 할아버지와 할머니, 아버지와 어머니에서 자녀들까지 3대가 모여 대화를 나누며 소통한다. 자녀들은 꿈을 나누고 고민을 이야기하기도 한다. 이렇게 대화를 하다 보면 주변에서 일어나는 일들, 공부뿐 아니라 남자 친구나 학교생활에 대한 점들을 알게 된다. 유대인 자녀는 부모에게 숨기지 않는다. 안식일 식사는 당연히 유대인의 율법 음식법에 맞는 코셔로 준비된다. 유대인의 코셔에는 돼지고기, 새우, 오징어 등을 먹는 것이 제한되어 있다. 식사는 짧게는 2시간에서 5시간까지 이어진다.

식사 후에는 후식을 먹으면서 대화한다. 유대인 엄마는 중간에 디저트를 끊이질 않게 준비한다. 배스킨라빈스와 하겐다즈 등 다양한 디저트는 즐거운 대화를 위한 유대인의 작품이다. 안식일에 TV나 미디어도 볼 수 없다. 아이들과 놀러 가거나 카페에 갈 수도 없다. 현재 우리는 유대인들과 동시대를 살아가고 있다. 우리는 볼거리와 먹거리가 풍부한 시대에 살고 있다. 우리는 가고 싶은 곳이면 찾아가고 하고 싶은 것을 언제든 자유롭게 할 수 있다. 이런 오늘날을 즐기며 살아가는 현대인의 관점에서 유대인들의 모습은 율법과 전통에 얽매여 있는 것처럼 보여 답답할 수도 있다.

하지만 지나치게 엄격하다고 생각이 드는 이 안식일이, 오늘날 유대인의 성공에 밑거름이 되었다고 입을 모으고 있다. 유대인 중에는 우울증이나 알코올 중독증 등의 환자가 적다. 가정불화 비율도 낮고 가출하는 청소년도 거의 없다. 이것의 바탕에는 가정에서의 안식일이 자리 잡고 있기 때문이다. 유대인은 쉬는 법을 알았다. 그리고 그것이 풍요로움과 여유로움이라는 것을 배웠다. 엄연히 다른 날이다. 단순히 놀러 가고 쉬는 날이 아닌 성스러운 날인 것이다. 유대인의 안식일은 이렇게 다른 날과 구별된 날이다.

안식을 통해 나와 마주하는 시간을 가진다

『탈무드』의 한 일화가 있다. 어떤 사람이 앞만 보고 급하게 길을 달려가고 있었다. 이를 지켜보고 있던 랍비가 그를 세워 물어보았다.

"왜 이렇게 급하게 서두르십니까?"

남자는 숨을 헐떡이며 대답했다

"생활을 좇아가야 해서 그렇습니다."

랍비는 너무 안타까워하며 말한다.

"생활을 좇아서 뭐 합니까? 여유를 갖고 주변을 한번 보세요. 그동안 앞만 보고 달려오느라 생활이 당신을 놓쳤을 수도 있습니다."

한국은 OECD 국가 평균 노동시간보다 241시간 더 일한다. 직장과 일에서도 자유로울 수 없다. 많은 사람이 어떤 일에 너무나 몰두한 나머지 '번아웃 증후군'까지 앓고 있다. 번아웃 증후군은 핸드폰 배터리가 갑자기 방전되듯 뇌 에너지가 바닥이라고 몸이 보내는 신호다. 만사 모든 게 귀찮고 무기력해지는 증상을 보인다. 누적된 신체적 피로와 극도의 스트레스가 원인이다. 서울대학교 병원 윤대현 교수는 아무것도 하기 싫거나, 성취감을 느끼지 못하거나 공감을 못 하는 증상이 있으면 번아웃 증후군이라고 말하고 있다.

한국인에게 휴일은 평일보다 더 바쁘다. 토요일 오전 9시만 조금 넘으면 올림픽대로는 이동하는 차들로 거북이걸음이다. 휴일이나 주말에는 아이들과 쇼핑을 하거나 놀이동산으로 놀러갈 일을 계획하고 남편들은 골프나 다른 취미 활동으로 일주일 동안 일했던 것에 대한 보상을 받아야 한다고 생각한다. 언제부터인가 휴식과 레저를 즐기는 것이 혼동되기 시작했다. 유대인은 다른 생각을 하고 있다. 안식일에 모든 상점이 문을 열지 않는다. 밖에 나오는 사람도 없다. 안식일은 어디까지나 예배를 드리는 성스러운 날이다. 그리고 가정에서 가족과 함께 보내는 날이다. 안식일 시간 동안 유대인은 자기 자신과 마주하고 되돌아보려고 노력한다.

그들에게 안식일의 역할 중 하나는 정신없이 바빴던 일상에서 소홀했던 '나'를 만나는 시간을 갖게 한다는 것이다. 각종 SNS에 방문해야 하고 넘쳐나는 흥미진진한 미디어가 유혹하고 있다. 하지만 그들은 모든 것들을 멈춘다. 일주일에 단 하루 나의 존재를 의도적으로 관찰한다. 때론 반성도 하고 사색하며 조용히 자신을 돌아본다. 유대인들에게는 자신을 마주 보며 관조하는 것이 어색하지 않다.

『성공하는 사람들의 8번째 습관』의 저자 스티븐 코비 박사 역시 "내면의 소리에 귀를 기울이라"는 것을 강조한다.

최근 미니멀 라이프를 실천하는 사람들이 늘어나고 있다. 물건들로 꽉 찬 공간의 채움에서 비움으로 여유를 선택한 것이다. 비우면 공간과 시간이 여유로워진다. 삶에도 여유가 필요하다. 쉼 없이 학원과 학교를 오가는 우리 아이들에게는 더욱 휴식이 필요한 이유다. 유대인의 안식일과 같은 시간은 자신을 발전시키는 창조적 역할을 했다. 그리고 세계로 나가 우뚝 설 수 있는 위상을 보였다. 우리도 자신에게 자신과 대화를 할 수 있는 여유를 주자. 그리고 나와 대화를 시도해보자.

♥ 유대인 자녀교육, 이렇게 해봐요!

▶ 일주일에 하루 정도는 전자기기를 내려놓고 두뇌에도 쉼을 주세요.

▶ 나에게 뒤돌아보는, 나에게 집중하는 시간을 가질 수 있게 해주세요.

▶ 휴일 아이와 보드게임, 그림 그리기, 바둑, 체스 등 다양한 게임을 통해 새로운 경험을 하게 해주세요.

07

『탈무드』와 『토라』,
대대로 내려오는 교육 유산

유대인의 삶에 있어서 『토라』와 『탈무드』는 빼놓을 수 없다. 『토라』는 성경에서 이야기하는 모세 5경(창세기, 출애굽기, 레위기, 민수기, 신명기)을 말한다. 『토라』에 씌어 있는 것은 유대인 역사의 기록이자, 이스라엘의 국사인 셈이다. 『토라』의 전수는 하나님과의 약속이다. 유대인은 자녀에게 『토라』를 가르치는 것을 의무로 여긴다.

그들에게 『탈무드』와 『토라』는 세상을 다양한 각도로 볼 수 있게 도와주는 인생의 멘토이자 지침서이다. 그리고 그들과 가족을 하나로 모아주는 통로이다.

최근 90년대 생에 대해 알고 싶은 마음에 MZ 세대 관련 책을 주문하며 그 세대를 이해하려 노력해보았지만, 그들과의 공감대를 형성하는 일이 쉽지는 않다. 세상이 빠른 속도로 변하면서 쌍둥이 사이에도 세대 차를 느끼는 시대이다. 하지만 유대인은 5000년의 역사 동안 하나의 공감대를 형성해왔다. 유대인의 대화에서 『토라』와 『탈무드』는 빠질 수 없다. 유대인은 『토라』와 『탈무드』로 하나가 된다. 온 가족이 모여 하나의 주제로 토론을 한다. 여기서 놀라운 점이 있다. 그것은 할아버지, 아버지, 자녀 3대가 함께 있어도 세대 간의 차이가 전혀 느껴지지 않는다는 것이다.

『탈무드』는 그 시대를 반영하여 기록하였다. 일례로 지금의 아이들은 태어나자마자 핸드폰과 인터넷 세상에 자연스럽게 동화되어 있다. 반면에 기성세대들은 전화 교환원부터 유선 전화기를 사용했다. 사실상 아이들은 다른 세대를 살아간다. 그런 점에서 지금의 세상을 바라보는 시선은 다를 수밖에 없다. 『탈무드』는 과거와 현재를 함께 볼 수 있다. 과거를 알고 과거를 통해 현재까지를 이해할 수 있게 된다. 과거의 다양한 경험과 이야기들로 가득 차 있고 그것을 바탕으로 현재 상황을 이해할 수 있다.

『탈무드』의 책의 구조는 중요한 의미를 갖는다. 중앙에는 본문의 핵심이 자리 잡고 있다. 좌우에는 본문을 해석해서 코멘트를 달아 놓았다. 『탈무드』는 선조들이 살았던 시대를 반영해서 기록한다. 본문을 읽고 자기 스스로 해석을 덧붙이게 하는 식이다.

미래의 자손들을 위해 현시대를 기록해야 하기에 첫 장과 마지막 장은 늘 비워둔다. 이렇게 시대를 거듭하면서 어떻게 이해하고 해석되었는지 지혜와 의견들이 망라되어 있다. 그렇기 때문에 과거, 현재, 미래가 하나의 선으로 이어져 있다. 동일한 하나의 사건이나 이슈에 연결하여 이해할 수 있게 된다.

그들은 할아버지부터 자손들까지 평생에 걸쳐 『탈무드』를 배운다. 『탈무드』는 과거형을 거쳐 현재 완료형이고 미래 진행형까지 연결을 기다리고 있다. 전화 교환원 할아버지 세대부터 인공지능과 스마트폰 자녀의 세대까지 공감대가 형성되는 것이다. 여기서는 세대 차이가 나지 않는다. 그들은 가정에서뿐만 아니라 학교에서도 『토라』와 『탈무드』를 접한다. 이스라엘의 초등학교에서는 여느 나라와 같이 수학, 음악, 스포츠, 과학 등의 학과 수업을 하지만 초등학교에서는 반드시 『토라』를 가르친다.

『토라』에서 Do와 Don't

　모든 국가는 그들 나라만의 제정된 법이 있다. 하지만 유대인은 이스라엘 법 외에 지켜야 할 것이 있다. 그들의 삶의 법칙과 기준은 『토라』이다. 유대인에게 『토라』는 생명보다 소중한 책이다. 그것은 하나님과 유대인 사이의 일종의 계약서이기도 하다.

　그들은 죽는 순간까지도 『토라』를 곁에 둔다. 유대인은 자녀가 세 살이 되면 『토라』를 읽어주기 시작한다. 매일 밤 잠자리에 들기 전에 읽어주는 베갯머리 독서는 유대인으로부터 시작되었다. 밤마다 자녀와 대화를 나누며 읽어주었던 책이 바로 『토라』이다.

　모세 5경 『토라』는 해야 할 248개의 율법과 하지 말아야 할 365개의 율법으로 구성되어 있다. 여기에는 유대인들이 어떻게 살아야 하는지 구체적으로 명시해놓았다. 예를 들어 어떤 일을 하라는 것의 제일의 율법은 '하나님이 살아계신다는 것을 믿어야 한다'는 것이다. 이외에도 『토라』를 배우고 가르치기', '밭에서 수확할 때는 가난한 사람을 위해 한쪽 모퉁이는 남겨두기', '안식일에는 일하지 않고 쉬기', '도둑질한 물건은 주인에게 돌려주기', '부모를 공경하기' 등이 명시되어 있다.

여기서 '부모를 공경하기'는 뻔한 말 같지만 깊은 뜻이 있다. 부모는 열 명의 자녀를 양육할 수 있으나, 열 명의 자녀는 노쇠한 부모를 공경하기 힘들다는 뜻을 내포하고 있다. 누구나 지키기 힘든 일이기에 '율법'으로 정해놓은 것이다. 어떤 일을 '하지 말라'에는 '약속을 어기지 말라', '자연사한 짐승은 먹지 말라', '탐식과 술에 취하는 것을 금하라', '밭에서 일하는 짐승의 입에 망을 씌우지 말라', '가난한 자를 위해 구제를 거절하지 말라', '채무자가 빚을 갚을 능력이 없다면 독촉하지 말라', '사업을 위해 사람을 속이지 말라', ' 뇌물을 받지 말라', '저울을 속이지 말라', '마음에 증오를 품지 말라', '동성연애를 금지하라' 등이 있다.

이 가운데 『토라』에서 엄격하고 자세하게 다루는 것이 있다. 그것은 남에게 폐를 끼치거나 괴롭히는 행위이다. 『토라』를 바탕으로 한, 『탈무드』식 토론에서는 '누군가에게 피해를 줬을 때 어떻게 배상해주어야 하는지'에 대한 의견을 나누고 계산도 한다. 치료비를 비롯해 일을 못 하게 되었을 때의 보상, 고통에 대한 보상, 피해에 대한 배상 등이다. 이스라엘에서는 '왕따'라는 것이 낯설다. 우스갯소리지만 이유는 이러하다.

『탈무드』 토론으로 다져진 유대인 부모와 자녀들은 배상 지급에 대한 사항을 줄줄 꿰고 있다. 그러니까 친구를 괴롭히기는 어렵다는 것이다.

만약 친구에게 피해를 줄 경우, 하나하나 따지며 배상을 해야 하는 것을 자녀들은 알고 있기 때문이다.

세심한 지혜를 배우는 『탈무드』

『토라』를 해석한 것이 『탈무드』이다. 『탈무드』는 형법, 민법, 상속, 부동산 관련 법 등 자세한 법률에 관련된 것들도 기록되어 있다. 게다가 종교, 경제, 인간관계, 행복, 문화, 건강관리, 위생, 먹거리 등 실생활의 필요한 교훈과 지혜들이 담겨 있다. 심지어 천문학에서부터 소변에 관한 이야기까지 방대하고 자세하게 열거되어 있다. 농사를 지을 때는 어떤 콩을 어떠한 땅에 어떻게 심으면 좋은지도 세세히 기록되어 있다. 그래서 책의 분량이 엄청나다. 『탈무드』는 60여 권이 넘고 무게로는 1t이 넘는다. 지금은 많은 정보가 오픈되어 있다. 하지만 그들은 인터넷이 없는 시절부터 서로의 경험과 지혜들을 모두 기록하고 공유했다. 그리고 그것을 지금도 실천하고 있다.

평소에 부모들은 자녀들에게 '밤늦게 다니지 마라'라고 말한다. 부모들은 알고 있다. 밤늦게 다녔을 때의 사고와 위험들을 말이다. 과거 시절 부모는 자녀에게 '마을 밖은 위험하단다.'라며 마을에서 멀리 떨어진

곳을 다니는 것을 자제시켰다. 마을 밖을 먼저 나가본 부모가 외진 곳에서 출몰하는 멧돼지와 야생 동물의 위험을 알고 있다. 그것을 미리 경험한 부모나 선조들이 『탈무드』를 통하여 방향을 알려준다. 『토라』가 인생의 기분을 정해주는 '원칙서'라면 『탈무드』는 실생활에서 적용할 해결책이 나와 있는 '안내서'이다.

또한 『탈무드』는 결혼한 사람들은 한 번쯤 겪었던 고부간의 갈등까지도 언급하고 있다. 『탈무드』에는 부부가 결혼한 후에 남자는 부모의 집을 떠나야 한다고 말한다. 이제는 하나의 독립적인 가정을 이루고 결혼하기 전과 달리 아내에게 관심과 사랑을 기울여야 한다는 것이다. 그뿐 아니라 또한 『탈무드』에는 우리에게 익숙지 않은 부부간의 성관계에 관한 언급도 있다. '성관계의 의무를 게을리해서는 안 된다. 아내의 동의 없이는 성관계해서는 안 된다. 성적인 욕구를 조금 참아보는 것도 괜찮다.' 등 아주 세세하게 기록되어 있다.

실제 미국 내에서 유대인뿐 아니라 이스라엘은 세계에서 이혼율이 가장 낮다. 이런 계율들은 유대인을 하나로 묶을 수 있는 배경이 되었다. 유대인은 그동안 흩어져 살다가 영국의 신탁통치를 받기도 했다. 1948년 영국 수상의 선언에 힘입어 독립을 선포하게 된다. 2천 년 가까이 나라

없이 살던 그들이 나라가 생겨 돌아올 때는 더 단단해져 있었다. 유대인 자녀는 어려서부터 유대식 교육에 흡수되어 길들여진 것이다. 그것의 바탕에는 가장 중요한『토라』와『탈무드』가 있었다.

우리는 모두가 인생이 처음이다. 엄마의 역할도, 아버지의 역할도, 아내와 남편의 역할도 마찬가지다. 그래서 서툴고 때론 실수도 한다. 그들은『토라』와『탈무드』로 인생에서 겪게 되는 여러 가지 문제와 해결책을 만났다. 한국 부모는 자녀에게 열성적이다. 학교 공부도 하게 하고 나름 인성교육도 시키며 항상 무엇이 부족한지 생각한다. 학원을 알아보고 예약해 상담하며 아이를 설득해 테스트 시험을 보게 한다. 하지만 같은 시각, 유대인은 이와 대조적인 모습을 보인다.

그들은 세 살 때부터『토라』를 접한다. 또한, 평균적으로 1년에 한 번씩 『토라』 완독하고, 방대한 양에 달하는『탈무드』를 7년에 한 번씩 읽는다. 부모와 함께『토라』와『탈무드』를 공부하고 이러한 배움을 평생에 걸쳐 반복한다. 게다가 자손 대대로 이어져 지금까지 왔다. 이렇게 어린 시절부터 살아가는 데 필요한 인생의 지혜를 배우다니 그들에게 감동하지 않을 수 없다. 우리 가정과 더 나아가서는 자손 대대로 물려줄 수 있는 교육의 틀과 장치가 절실히 필요할 때다.

▶ 속담이나 명언을 읽고 생활에 적용해보아요.

▶ 할아버지 할머니들과 자주 만나서 어르신들의 지혜를 배우게 해주세요.

▶ 우리 가정의 가훈을 정해보아요. 만일 가훈이 있다면 내용과 유래를 설명해주세요.

08

비교 경쟁하지 말고
개성을 중시하라

형제. 자매 등 자녀들이 있는 부모가 절대 하지 말아야 할 행동이 있다. 그것은 바로 자녀 간의 '비교'이다. 유대인은 낙오자를 키우지 않는다. 형제나 자매에게도 모두 다름을 인정한다.

여기에 비교는 존재하지 않는다. 아이 각자의 개성을 보기 때문이다. 그래서 그들은 경쟁하지 않는다. 한 곳만 보며 뛰는 것만이 길이 아니라는 것을 알고 있다. 유대인 부모는 자녀가 남과 다른 점이 무엇인지에 초점을 둔다. 경쟁보다는 개성을 충분히 기른다는 것이 유대인의 철학이며 삶의 방식이다.

과연 비교의 결과는 어떠할까?

　부모가 하는 공평하지 못한 말과 행동들이 형제간의 경쟁을 심화시킨다. '엄마는 동생만 좋아해'라는 말을 들어본 적이 있는가? 동생을 편애한다는 이유로 100세 노모를 돌로 내리쳐 숨지게 한 70대 아들이 징역 10년을 선고받았다고 머니투데이는 보도했다. 평소에 어머니가 동생에게만 용돈을 더 주었고 옷을 사주는 등 동생만 예뻐하고 자신은 미워했다고 진술했다. 그렇다. 편애의 상처는 가슴속 깊이 자리 잡고 있다. 그런 이유에서 성인이 되어서도 과거에 받았던 편애의 상처가 잘 아물지 않는다.

　그들은 형제간의 비교로 어떤 일이 벌어졌었는지 유대인의 조상 요셉의 이야기를 익히 들어 알고 있다. 요셉의 아버지 야곱은 열두 명의 형제 중에 특히 요셉만을 예뻐하였다. 다른 형제들이 못 입는 색동옷을 입기도 하고 아버지의 사랑을 한 몸에 받았다. 형제들의 불평과 불만은 점점 쌓여갔다. 요셉을 제외한 나머지 형제들은 자신이 받지 못하는 사랑을 요셉만이 받자, 시기와 질투를 폭발시켰다. 결국, 아버지의 사랑을 독차지한 요셉을 죽이기로 계획을 짠다. 그 계획은 진행되었고 요셉은 간신히 목숨은 건졌지만, '애굽'이라는 나라의 노예로 팔려 가게 된다.

우리 주위에서 비교하는 것은 형제자매뿐 아니다. 옆집 엄마나 또래 엄마들을 만나고 오면 이것이 시작된다. '누구는 영어 레벨이 5더라, 누구는 10이더라.'라는 비교의 말이다. 그러면서 '누구는 최상위 수학을 풀고 있다는데 너는 지금 개념을 풀고 있니?'라며 말한다. 우리는 끊임없이 비교하는 사회에 살고 있다. 유대인의 가르침 중에는 "자녀를 키울 때 절대 차별하지 말라."라는 말이 있다. 과연 우리의 아이들이 영어 레벨이 10이 못되고 최상이 수학이 아니라고 해서 다른 일도 마찬가지일까? 사실 비교는 불안에서 나온다. 그래서 더욱 경쟁하게 된다. 한국 영화 102년 사상 최초로 배우 윤여정은 아카데미 여우조연상을 받았다. 세계의 이목이 쏠린 시상식에서 그녀는 "저는 경쟁을 믿지 않습니다. 제가 어떻게 여기 여배우들을 이기겠어요? 우리 5명 후보는 서로 다른 영화에서 자신의 역할을 해냈어요. 우리는 각자 다른 연기를 했을 뿐이에요. 그러니 우리는 경쟁자일 수 없습니다."라고 소감을 이야기했다. 즉, 그녀는 배우마다 자신이 맡은 연기를 한다는 것이기에 그것은 경쟁자가 될 수 없다고 말한 것이었다.

개성을 비교하라

유대인의 격언 중에는 "자녀의 머리를 비교하지 말아라. 단 성격은 서로 비교하라."라는 말이 있다. 사람은 외모가 모두 다른 것처럼 각자의 개성이 모두 다르다. 나와 똑같은 사람은 주위에 아무도 없다. 그들은 성적을 잘 받고 잘 못 받고가 중요하지 않다. 그저 형제, 자매를 각각의 다른 인격체로 바라볼 뿐이다. 이러한 사고방식은 수천 년 전부터 내려온 유대의 전통이다. 그들에게 관심사는 자녀의 능력의 차이가 아니다. 바로 고유한 자신만의 '개성의 차이'다.

그렇게 하면 형제자매를 한 방향의 길로 내몰게 되지 않는다. 각자의 길이 다르기 때문이다. 유대인은 유독 형제간의 우애가 좋다고 알려져 있다. 유대인 부모는 형제자매가 성장하는 과정에서 경쟁이나 긴장을 시키는 말을 행동과 말을 하지 않는다. 항상 느긋하게 기다리며 텐션을 높이는 경쾌한 관계를 지양하기 때문이다. 그리고 형제자매를 서로 다른 방법으로 사랑하려고 애를 쓴다. 누구도 상처받지 않고 낙오되지 않으며 공평하게 사랑받고 있다고 느끼게 하려는 것이다.

『토라』에는 이삭의 쌍둥이 두 아들, '에서'와 '야곱' 이야기가 나온다. 형인 에서는 진취적이고 박력이 넘치며 조금은 공격적인 성향도 있다. 사냥을 좋아하며 배짱도 두둑하여 웬만한 문제에는 요동조차 하지 않는다. 반면 동생 야곱은 다르다. 어릴 적부터 엄마 옆에서 집안일 돕는 일을 좋아했다. 여성적이고 꼼꼼하며 약간은 소심한 성격이었다. 순수한 청년 야곱은 사랑하는 여성에게는 최선을 다하며 자신도 내어줄 만큼 열정적이었다.

아버지 이삭은 전혀 기질이 다른 두 아들을 어떻게 키웠을까? 이 당시는 사냥을 잘해야만 먹고 살 수 있었던 시대였다. 하지만 사냥을 못 하는 야곱에게 '넌 왜 형처럼 사냥을 못 하냐?'라며 형 에서와 비교하지 않았다. 형은 사냥꾼답게 사냥을 더 잘할 수 있게 했다. 외향적인 기질을 살려 밖으로 돌아다니며 세상을 배울 수 있도록 말이다. 실제로 형 에서는 후일에 에돔 족속의 조상이 되었다. 내향적인 동생 야곱에게는 가정을 잘 이끌어갈 수 있도록 집안일과 가계 운영을 가르쳤다. 훗날 야곱 역시 훗날 70여 명의 대식구를 거느리고 가업을 이어갔다.

경쟁이 존재하지 않는 이유

우리나라의 교육은 1등 혹은 상위권만을 위한 것이다. 오로지 1등을 해야 하고 순위나 서열에서 앞을 차지해야 한다. 경쟁에서 무조건 이겨야 한다. 한국 사회는 성적은 비교가 일반적이다. 경쟁은 비교에서 비롯된다. 세계를 강타한 넷플릭스 〈오징어 게임〉처럼 1등을 제외한 나머지는 모두 탈락한다. 이렇게 되면 아무리 열심히 노력한다고 하더라도 실패자가 나오는 구조다. 결국, 자신에게 집중하기 어렵다. 과연 진정한 교육이라는 것이 경쟁을 통해 소수만이 살아남는 것을 의미할까?

유대인의 경쟁은 다르다. 열심히 최선을 다해서 남을 이겨야 하는 개념이 아니다. 경쟁자를 시기하고 질투하는 것이 아니다. 유대인의 교육은 상위 1%는 물론, 하위 1%라 하더라도 함께 끌고 간다. 어떻게 그게 가능할까? 비교와 경쟁이 아닌 남과 다른 그 어떤 재능을 찾는 데 집중한다. 단 경쟁이 주는 자극과 성장에는 집중한다. 모두 다른 각자의 개성을 살리는 것과 자극에는 경쟁이 필요 없다. 그래서 유대인 부모는 자녀마다 자신만의 '가치가 있다'는 것을 자녀에게 인지하게 해준다.

형제와 경쟁과 비교는 성장하는 과정에서 불행을 초래하게 된다. 댄 그린버그 동화 작가는 "사람은 비교할수록 점점 더 불행해진다. 내 아이가 불행해질 바란다면 장점이 많은 형제와 끊임없이 비교하라."라고 말했다. 형제자매는 비교나 경쟁의 대상이 아니다. 오직 응원의 대상이다. 다른 사람과의 비교를 멈추고 오롯이 자녀의 개성에 집중하면 그 아이만의 독창성이 보인다. 그렇게 되면 형제뿐 아니라 주위 친구들과도 비교하지 않는다.

   유대인 자녀교육의 정석

유대인은 자신을 그 어떤 누구와도 비교하지 않는다. 다만 자신을 뒤돌아보며 자기 자신과 비교할 뿐이다. 어제와 다른 내가 되었는지, 점점 발전해가고 있는지 등이다. 캐나다 미국 영국 등에서 3백만 부에 달하는 판매 수를 기록한 책이 있다. 바로 심리학자 조던 피터슨의 『12가지 인생의 법칙』이다. 이 책에서는 "다른 사람과 비교하지 마라. 오직 어제의 당신과 비교하라."라고 말한다. 나의 발전에만 집중하면 비교하거나 곁눈질하지 않게 된다. 남과 다른 자신만의 자유롭고 독창적인 사고가 경쟁력이다. 그래서 그들은 자신이 하는 생각을 묶어두지 않는다.

유대인은 비교를 내려놓고 스토리를 만들어가고 있다. 그 스토리의 재료는 오로지 자기 자신이다. 그리고 그들은 지금까지도 세계 중심에서 스토리를 써 내려가고 있다. 구글의 창업자 래리 페이지가 그러했고, 외교의 살아 있는 전설 헨리 키신저, 유명한 축구선수 데이비드 베컴 등 수많은 유대인이 그러했다.

유대인은 다른 사람이 성취와 성장을 했다면 그것을 진심으로 축하해준다. 여기에 비교는 존재하지 않는다. 있는 그대로 '아 저 사람에게는 이런 면이 있구나. 저 사람은 그렇구나'라고 받아들인다. 그리고 모든 에너지를 온전히 자신에게 집중하며 자기 자신의 삶에 만족해한다.

▶ 친구의 잘하는 점을 부러워할 경우에 우리 아이만의 잘하는 점을 칭찬해주자. "네 친구는 공부를 잘하지만, ○○이는 친구들을 배려하는 따뜻한 마음이 있잖니."

▶ 아이 자신의 가치에만 집중하게 해주세요.

▶ 절대! 절대! 누구하고도 비교하지 마세요.

09

자녀의 기를 살려주는
말을 건네라

영화 〈타짜〉에 "낙장불입"이라는 대사가 나온다. 화투를 칠 때, 이미 바닥에 내놓은 패는 다시 거두어들일 수 없다는 뜻이다. 이것은 화투에만 해당하지 않는다. 한번 내뱉은 말은 되돌리지 못한다. 자신도 모르게 자녀에게 했던 말들이 있다.

"잘~ 한다. 엄마가 뭐라고 했어?"
"네가 너무 힘들다."
"쟤는 잘하는데 너는 그게 뭐니?"
"내가 너 때문에 못 살아! 대체 커서 뭐가 될래?"

“널 낳지 말았어야 했는데.”

무심코 던진 말이지만 자녀의 마음에 큰 파장을 일으킨다. 사랑스러운 자녀가 이런 말을 듣고 가슴속에 품으며 어른이 된다면 과연 어떤 사람이 될 수 있을까?

살아 있는 말의 힘

말은 살아 있다. 그리고 말의 수명은 길다. 성인들에게 지금까지 기억나는 가장 상처 된 말이 무엇인지 물었다.

“넌 도대체 왜 그러니?”
“이거밖에 못 해?”
“너는 왜 매일 이 모양이야!”
“그것도 못 하니까 다른 것도 못 하지.”
“네가 그렇지 뭐!”

장성한 자녀가 어릴 적 부모가 했던 말을 아직도 기억하고 있다면 어떨까?

지금 이 말들은 행동에 대한 지적이 아니다. 인간의 존재 자체를 비하하는 말임을 주목해야 한다. '피그말리온 효과'에 대해서는 한 번쯤 들어본 적이 있을 것이다. 자신이 기대한 대로 믿는 대로 이루어진다는 의미다. 하루는 운전하며 퇴근 중이었는데 여의도 중간에서 차가 멈추었다. 비상등을 켜고 처음으로 손해보험사에 연락 후 얼마 지나지 않아 견인차량이 왔다. 시동을 끈 상태에서 운전석에 앉아 핸들을 잡지 않은 채 견인차가 이끌어주는 대로 가고 있었다. 그런 상황에서 나는 아무런 조처를 하지 못했다.

부모와 자녀 관계에서도 견인차처럼 자녀는 부모에게 끌려가는 차량과 같다. 자녀는 엄마가 한 말과 생각대로 자신을 평가할 소지가 다분하다. 자녀는 부모의 말에 견인될 수밖에 없는 것이다. "이 애는 도둑놈입니다. 소년원에 보내주세요!"라는 말을 아버지에게 들었다면 심정이 어떨까? 소년은 아버지의 이 한마디 말로 소년원에 송치되어 복역하게 된다. 그 이후로 소년원에서 만났던 친구들과 어울리며 훔치는 일을 반복하여 절도 전과가 계속 늘어났다.

그 주인공은 작은 줄톱 하나로 교도소를 탈출하여 907일간의 도주로 세상을 떠들썩하게 했던 신창원이다. 현재 교도소에 복역 중인 신창원은 프로파일러 표창원에게 편지를 썼다. 편지의 내용은 심리 상담 관련 서적을 구해 달라는 부탁이었다. 신창원은 이제 막 성인이 되어 교도소에 들어온 수감자를 대상으로 상담을 해주고 싶다고 했다. 왜냐하면, 아직도 많이 남은 그들의 인생이 자신과 같은 삶이 되지 않도록 하려는 마음이 있었기 때문이었다.

유대인 엄마의 말하는 법

유대인은 말에 강력한 힘이 있다는 것을 알고 있다. 말 자체에 힘이 있는 것이 아닌 그 말을 들으시고 그대로 이루시는 하나님이 계시기 때문이다. 그래서 그들은 함부로 말하지 않는다. "사람의 입에서 나오는 열매로 하여 배가 부르게 되나니 곧 그 입술에서 나는 것으로 하여 만족하게 되느니라."(잠언 18:20) 지금 자녀에게 축복의 말을 했다면 좋은 열매가 나오게 될 것이고 저주의 말을 했다면 안 좋은 열매가 나올 것이다. 즉 말한 대로 이뤄진다는 것을 믿는다.

우리는 하마터면 천재를 못 알아볼 뻔했다. 지능발달이 더뎠던 아인슈타인의 생활기록부에는 '이 학생은 어떤 일을 하더라도 성공할 수 없을 것으로 사료 됨'이라고 적혀 있었다. 이 글을 본 어머니는 하루에도 몇 번씩 희망의 말로 아이를 견인시킨다. "너는 세상 다른 아이들에게 없는 특별한 능력이 있단다. 남과 다른 그 길을 찾아가야 해. 너는 분명히 훌륭한 사람이 될 거야." 성악가를 꿈꾸는 소년이 있었다. 하지만 목소리가 성악에 맞지 않는다는 선생님의 말씀을 들었다. 그의 어머니는 항상 "세상에서 가장 아름다운 목소리를 가졌구나. 넌 위대한 성악가가 될 거야. 엄마는 믿어." 어머니의 이 말 한마디가 세계 최고의 성악가 카루소를 만들었다. 어머니의 말이 용기가 되어 자신감으로 발휘되어 잠재력을 일깨운 결과였다.

유대인은 감정 섞인 말 한마디가 자녀에게 얼마나 큰 상처를 남길 수 있는지를 너무나 잘 안다. 교육보다는 자녀의 인성을 중시하여 특히 말을 조심한다. 입 밖으로 내뱉은 말들은 사라지는 것이 아니다.

유대인 격언 중에 입과 혀를 다스려야 한다는 내용이 유독 많다. "혀에는 뼈가 없으니 특히 조심해야 한다.", "새장으로 도망친 새는 붙잡을 수 있지만, 입 밖으로 나간 말은 붙잡지 못한다.", "반드시 마음으로 혀를 다스려야 한다. 혀로 마음을 조종해서는 안 된다."

『탈무드는 "아이들이 어릴 때는 꾸짖어 가르치지만 다 자란 후에는 작은 일로 꾸짖지 말라.”라고 한다. 유대인은 13세 이상의 자녀는 성인처럼 대한다. 성인은 스스로 자기의 일을 행한다는 것을 의미한다. 이때는 매를 들거나 훈계가 어렵다는 사실을 알고 있기 때문이다. 처벌과 훈계는 다르다. 처벌은 위반한 것에 대해 벌을 가하는 것이지만 훈계는 깨닫고 고치는 것이 목적이다. 자녀를 협박해서도 안 된다. 혹 훈계할 일이 있다면 훈계를 하되, 훈계한 뒤에는 반드시 아이의 머리를 쓰다듬어주거나 꼭 안아주며 “이제는 안 그럴 거라고 믿는다.”라고 말한다. 유대인 부모는 자녀의 위축된 마음을 풀어주는 것도 절대 잊지 않는다.

뇌과학자 사토 도미오는 저서『기적의 입버릇』에서 이렇게 설명한다.

“뇌의 대부분은 의식보다 잠재의식이 차지한다. 말은 잠재의식을 자극한다. 인간의 뇌는 상상과 현실을 구분하지 못한다.”

즉, 운동하는 상상만으로 운동 효과를 볼 수 있고 공부하는 상상만으로 학습 능력을 향상시킬 수 있다는 것이다. 왜냐하면 뇌의 대부분을 차지하고 있는 잠재의식을 말로 자극할 수 있기 때문이다.

한 교육기관에서 부모님께 가장 듣고 싶은 말이 무엇인지 고등학생 480명을 대상으로 설문 조사를 하였다. 가장 많이 나온 답변은 "실수해도 괜찮아", "너를 믿는다."이다. 자녀는 부모가 자신을 자랑스럽게 여긴다면 피그말리온 효과처럼 기대에 부응하려고 더욱 노력을 기울일 것이다. 하버드대생이 부모에게 가장 많이 듣는 말은 과연 무엇일까? 그것은 어른도 들었을 때 편안해지는 "다 괜찮을 거야!"("Everything will be alright.")이다.

자녀에게 이렇게 말해보자.

"엄마는 널 믿는단다."

"네가 얼마나 자랑스러운지 몰라."

"네가 태어나서 정말 감사하단다."

"역시 내 딸(아들)이야."

"괜찮아, 다 잘 될 거야,"

성공한 많은 사람 중 자신에게 했던 격려의 말 한마디를 붙잡고 묵묵히 걸어간 사람들이 있다. 2002년 월드컵 경기는 온 국민을 환호하게 했다. 한일 월드컵 포르투갈전에서 이영표가 건네준 공을 박지성이 골로 연결했다. 대표팀에서 후보 선수였던 박지성은 히딩크 감독을 만났기에 지금의 자신이 있다고 말한다. 평발에, 전혀 사람들의 주목을 받지 못했던 박지성은 2002년 월드컵을 목전에 두고 이 한마디로 인생이 바뀌게 된다. 히딩크 감독은 "지성, 넌 가능성 있어. 정신력이 강하고 훌륭한 선수이기 때문에 훗날 유럽 최고 리그에서 뛸 수 있을 거야."

박지성은 이 말을 꽉 붙잡고 가슴 깊이 넣어둔 채 경기에 임한다. 발목 부상으로 풀이 죽어 있던 그는 히딩크 감독이 자신의 정신력을 인정해주어서 황홀했다고 고백했다.

나는 어떤 말을 들으면서 자랐던 아이였을까? 부모님에게 내가 가장 듣기 좋았던 말은 무엇이었고 내가 가장 듣기 싫었던 말은 무엇이었을까? 부모의 말이 자녀의 운명을 바꾼다. 자녀는 부모가 말하는 대로 인생을 살게 될 가능성이 크다. 어떤 말을 자녀에게 말해주어야 할지 우리는 다 알고 있다. 자녀에게 고난이 생겼을 때 부모가 말해준 한 마디를 의지 삼아 이겨내는, 그 한마디를 해주자. 자녀는 그 말을 기억하면서 세상을 살아가고 부모가 말하는 대로 인생을 살게 될 것이다.

아이에게 말해보자.

1. 최고야!

2. 괜찮아.

3. 사랑해.

4. 대단해!

5. 넌 잘될 거야.

6. 역시 멋져!

7. 해냈구나!

8. 고생했어!

9. 네 미래가 기대 돼.

10. 점점 좋아지고 있어.

11. 내 딸로(아들) 태어나줘서 고마워.

12. 네가 있어서 힘이나.

13. 어떻게 그런 생각을 했니?

14. 넌 정말 소중해.

15. 네가 정말 자랑스럽다.

16. 너무 좋은 생각인데!

17. 넌 당연히 할 수 있어.

18. 한다고 하면 하는구나.

19. 그 정도면 충분해.

20. 오늘 많이 힘들었지?

Chapter 2.

반짝이는 아이디어, 창의성의 비밀

인공지능 시대,
생각하는 힘이 답이다

몇 년 후면 자율주행차가 주인에게 이렇게 물을 것이다.

"주인님, 어디로 모실까요?"

"판교 회사."

이것은 자율주행 시대가 도래하면 우리에게 흔한 일상이 된다. 자율주행 차는 우리를 도착지에 안전하게 내려주고 집이나 회사의 주차장에 머무르지 않는다. 주인이 일하는 동안 우버나 그랩처럼 영업하면서 차 스스로 경제활동을 한다. 즉 공유 차량으로서 차주가 일하는 동안에도 다른 사람들을 태우고 결제하며 소유주에게 돈을 벌어다 준다. 그리고 차주의 퇴근 시간이 되면 정확하게 회사 앞으로 픽업하러 간다. 이스라엘 자율주행 차는 테슬라, 구글과 경쟁하지 않고 완성차 제조사에 기술을 보급하는 방식으로 틈새시장을 개척하고 있다. 코트라에 따르면 미국 중국에 이어 이스라엘의 AI 점유율은 전 세계 3위다.

인공지능을 비롯해 우리가 흔히 아는 구글, 페이스북, 아마존, 에스떼로더, 위워크, 트립어드바이저, 빅토리아 시크릿, 페리에, 하겐다즈 등도 모두 유대인 기업이다. 패션, 화장품, 부동산, IT, 서비스 부분까지 다양하다. 대부분 유대인 자신의 이름을 따서 브랜드화시켰다. 2021년 3월 21일, 〈조선일보〉에는 "가장 먼저 마스크를 벗는 나라…부럽다, 이스라엘"이라는 제목의 기사가 나왔다. '모더나'는 코로나 백신으로 잘 알려져 있다. 이 회사의 최고 의료 책임자는 이스라엘 벤구리온대학 출신 유대인 '탈 작스'다. 이스라엘은 코로나 시국에서도 강한 모습을 보인다. 대체 유대인은 어떤 교육을 받고 있을까?

대체 어떻게 생각을 하게 할까?

유대인은 교육하는 데 있어 자녀들이 늘 생각하게끔 질문한다. 그들은 항상 "너는 어떻게 생각하니?", "네 생각은 뭐니?"를 넘어 끊임없이 "왜?"라고 물으며 생각을 유도한다. 설령 아이가 엉뚱하고 말도 안 되는 이야기를 해도 유대인 부모는 귀담아듣고 반응한다. 자녀가 어떤 물건이 필요하다고 하면 "그게 꼭 필요한 물건이니?", "그걸 왜 사야 하는 거지?"라고 이유를 물어본다. 형제간의 싸움을 할 때도 "왜 그렇게 행동했니?"라고 상황을 묻고 대답을 기다린다. 때론 형제와의 싸움에서 자신의 견해나 생각이 옳음을 주장하며 부모를 설득하려고 한다. 이런 과정을 겪으면서 부모가 말해주지 않아도 아이 스스로 생각하며 깨닫게 되고, 그때 비로소 한 뼘 더 성장한다.

유대인 부모는 정해진 답이 없이 자유롭게 이야기하지만, 아이에게 '왜 그런 생각을 했는지'를 반드시 묻는다. 이런 과정이 발전되면 상대의 생각이 나의 고정관념을 깨고 내가 상대방에 대한 고정관념을 깬다. 나아가 내가 옳다고 고집했던 생각들에 대해 벗어난다. 그들은 질문을 통해 생각의 사고를 확장시킬 수 있다는 사실을 알고 있다. 흔히들 들어보기는 했지만, 생각은 하지 않는 본질적인 질문을 한다.

예를 들어 '대학은 다녀야 하는가?'부터 시작해서 '현재 공교육의 구심점은 무엇인가? 또한, 어떤 인재를 양성하기 위해 현 시스템을 고착화했는가? 그 시스템은 미래의 인재를 위해 적합한 대비를 할 수 있는가?' 등의 확장이다. 여기서 답을 강요하지 않는다. 한 가지의 정답을 찾는 데 의미를 두지 않고 모두의 생각이 다름을 인정한다. 유대인 100명이 있다면 100가지 다양한 의견이 나온다. 그들에게 만장일치란 있을 수 없는 일이다.

유대인은 교육에서도 일방적인 가르침이 아닌 머리를 쓰며 생각하는 것을 자신도 모르게 훈련받는다. 학교에서는 무엇을 공부하는지보다 어떻게 생각할 것인지가 더 중요하고 가정에서는 『탈무드』를 통해 사고력을 키운다. 그들은 인생의 목적을 자기 스스로 자신을 창조하는 것에 두고 있다. 그것은 한 가지 주제를 여러 각도로 생각하게 한다. 그 과정에서 『탈무드』라는 도구가 사용된다. 유대인은 생각하고 창조하는 힘을 기르는 것에 무게를 둔다. 그것은 어떤 정보를 받아들였을 때, 자기의 생각을 정리하며 융합한다. 기계처럼 시험이나 성적을 위해 공부하는 것이 아닌 자신만의 생각을 논리적으로 표현하기에 나의 존재를 확실히 다질 수 있다. 아울러 자기 자신이 하나의 브랜드가 된다.

유대인 학교에서의 수업은 주입식과는 거리가 멀다. 모든 수업은 질문과 답변으로 이루어진다. 이 뜻은 수업을 위해 예습을 해와야 한다는 것이다. 이때 학생들은 모르는 것을 질문하고 토론하며 모두가 능동적이고 적극적으로 수업에 임한다. 일방적으로 듣는 수업은 그 순간을 놓치면 사라지지만 질문을 생각하며 정리를 한 수업은 머릿속에 각인된다. 토론을 통해 자신의 주장을 정교하게 다듬는 법을 익힌다. 이것은 생각 훈련이다. 계속되는 새로운 생각이 밀려오기 때문에 방어해야 한다. 이런 환경에서는 생각하지 않을 수 없다. 그 결과 생각은 매우 단단해지게 된다.

대학에 가는 이유

중학생 이상이면 주변에서 들려오는 이런 이야기는 남의 얘기만이 아니다.

"어느 대학 나왔어요?"

"요즘 대학 안 나온 사람이 어딨니?"

"좋은 대학 안 나오면 취업 못 해."

"서연고(서울대, 연대, 고대)는 못 가더라도 서성한(서강대, 성균관대, 한양대), 중경외시(중앙대, 경희대, 외대, 시립대) 중에서는 가야지."

그래서일까? 중학생에게 공부하는 이유에 관해 물었다.

"공부를 왜 하니?"

"대학 가려고요"

"대학 가서 뭐 하려고?"

"취직하려고요"

"취직해서 뭐 하려고?"

"돈 벌려고요"

공부를 열심히 해야 하는 이유의 정답은 '돈 버는 것일까?' 대부분의 중학생 아이들의 머릿속에는 공부는 대학 가기 위한 것, 취직하기 위한 것, 돈 벌기 위한 것이다. 그나마 이렇게라도 대답하면 다행이다. '모른다'의 대답도 상당수다. 아이들은 학교나 학원에서 또는 부모가 하라는 공부만 하고 성적만 잘 받아오면 된다는 획일화된 사고 외에 다른 생각은 하지 않는다.

KBS1 〈명견만리〉에 수능 만점자 4명이 모여 각자가 생각하는 수능 학습방법 노하우에 대해 이야기를 했다. 그들에게 공통점이 있다. 그것은 수많은 문제를 셀 수도 없을 만큼 많이 풀었다는 것이다. 공교육의 현실을 살펴보면 줄 세우기, 경쟁하기, 암기, 지식 채우기이다. 왜 뛰어야 하는지 이유도 모른 채 남들이 달려가니까 그냥 달려가는 식이다. 부모는 벌써 자녀의 미래 대학 정문에 도착해 있다. 아이는 부모가 열망하는 대학 정문을 통과하기 위해 초등학교 때부터 만들어지기 시작한다.

부모 자신이 대학이라는 도구를 사용해 성공했다면 관성에 따라 자녀도 부모와 같은 길을 걷게 된다. 혹은 부모가 대학이라는 도구를 제대로 사용하지 못한 열등감 있는 부모라면 어떻게 해서든 자신보다 자녀가 나은 삶을 살기 원한다. 그러기 위해 자녀교육에 더 매달리게 된다. 하지만 세상이 바뀌었다.

메가스터디 손주은 회장은 정확하게 이 부분을 꼬집어 이야기한다. "한국은 초고속으로 고도 압축 성장을 이뤄낸 나라다. 과거에는 가능했지만, 지금은 공부만으로 성공하는 시대는 지났다. 입시의 판도도 완전히 바뀌었다. 세상은 바뀌고 있는데 부모가 살아온 경험대로 경험하지 못한 인공지능 시대에서 이전 방식으로 교육하고 있다."

로봇공학자 데니스 홍 교수는 미국에 있는 한국 학생들을 언급한 적이 있다. "한국 학생들은 대부분 공부를 잘한다. 계산기처럼 문제를 푼다. 반면 정해지지 않은 답이 있는 문제나 현실적인 문제를 맞닥뜨리면 당황한다고 말한다. 단순히 정해져 있는 답을 내는 것은 최고지만 이제 그 영역은 인공지능에 밀린다." 우리는 대학에 가서 무슨 공부를 할 것인지 졸업한 후에는 어떤 계획이 있는지 생각하지 않는다. 성적에 맞춰 가야 하기 때문이다. 그 결과 대학을 졸업해 사회에 나온 대부분은 전공과는 무관한 일을 하는 하고 있다.

어떤 사람이 되고 싶은지 고민할 시간이 없다. 어떤 꿈을 가졌는지 생각하지 못한 채 입시 공부만으로 성년을 맞이하는 것이다. 좋은 대학에 가서 좋은 직장에 들어가야 한다. 최근 대표적인 희망 직업은 '공무원'이다. 다음 순서는 좋은 차를 타고 좋은 배우자를 만나 좋은 집을 사는 것이다. 그것이 소위 말하는 성공한 인생이다. 사람들 대부분이 이와 같은 길을 간다. 같은 길을 맹목적으로 추종하고 있지만 왜 공부를 하는지 왜 대학에 가는지 어떤 진로를 선택할 것인지 하고 싶은 일은 무엇인지 생각하지 않는다.

의무교육 허와 실

EBS 〈다큐 프라임 – 왜 우리는 대학에 가는가〉라는 프로그램에서 대학생과 성인을 대상으로 다음과 같은 문제를 내고 정답을 맞히도록 하였다.

1. 대체로 사람의 일생에서 인생의 꿈과 행복은 언제 결정되는
가? [중학교 도덕]

① 10대   ② 20대   ③ 30대   ④ 40대   ⑤ 50대

많은 패널이 갸우뚱하며 답을 적는다. 진행자가 정답을 ①번이라고 하
자, 모두 의아한 표정으로 "정말 그게 정답인가요? 정말요?"라는 말이
여기저기서 나온다. 진행자는 "①번으로 답을 표기해야 점수를 받을 수
있습니다."라고 말했다.

2. 꿈을 향해 나아가는 과정 중에 어려움이 생기면 어떻게 해야
하는지 쓰세요. [초등학교 바른생활]

이 질문에 아주대 김경일 교수는 '여행 떠나기와 일기 쓰기'라고 답을
적었다. 진행자는 '꿈을 이루기 위해 노력한다.'가 정답이라고 하며 틀렸

다고 말했다. 서강대 최진석 교수는 '피한다'라고 적었기에 역시 틀렸다. 그는 인터뷰에서 "이런 것이 문제로 출제될 때, 천편일률적인 학생들로 길러낼 수밖에 없게 될 것 같다. 우리는 듣고 외우고 잊어버리는 것을 반복하며 여기까지 왔다."라고 현 교육의 문제점을 꼬집어 말했다.

아마존 수족관 열대어들이 유리 벽에 끼어 헤엄치는 여름밤 세검정 길. 장어구이 집 창문에서 연기가 나고 아스팔트에서 고무 탄 내가 난다. (중략) 열대어들에게 시를 선물하니 노란 달이 아마존강물 속에 향기롭게 출렁이고 아마존 강변에 후리지아 꽃들이 만발했다.

1. 위의 시에 대한 설명으로 적절하지 않은 것은?

① 우울한 분위기가 조성되어 있다.

② 대립적 가치를 통해 주제를 강화하고 있다. (교육청 정답)

③ 감각적인 이미지들을 활용하여 선명한 인상을 준다.

④ 부정적 현실에 대한 인식이 드러나 있다. (최승호 시인의 답)

⑤ 배경 묘사를 통해서 화자의 정서를 암시하고 있다.

2015년 수능 언어영역, 「아마존 수족관」이라는 최승호 시인의 시가 출제되었다. KBS1 〈명견만리〉라는 프로그램에서 이 문제를 저자 최승호 시인에게 풀게 했다. 하지만 그는 문제 정답의 맞추지 못했다. 원작자임에도 불구하고 풀지 못하는 문제를 학생들은 점수를 얻기 위해 풀고 있다. 시는 느낌이나 감정을 묘사한다. 그렇다면 '시'조차도 느낌이나 감정을 무시한 채 무작정 외워야 한다는 결론이 나온다.

지금은 어떤 시대인가? 무엇보다도 생각을 요구하는 시대이다. 스스로 생각하고 그것을 연결해야만 성공하는 시대를 살고 있다. 현재의 교육은 생각하지 않게 만들고 시키는 대로만 하게 되는 구조이다. 존 테일러 개토는 저서 『바보 만들기』에서 '의무교육'이 명령에 복종하는 군인, 고분고분한 노동자, 중요한 문제에 대해 비슷하게 생각하는 시민으로 길러내는 것이 목표라고 말한다. 우리 부모를 비롯한 내 자녀가 지금 받는 의무교육의 목적은 군인과 노동자를 양성하기 위한 교육이다.

여기서 학생들은 혼자서 주체적인 생각을 할 수 없다. 복종하고 순종해야 하는 분위기에서는 질문할 수 없기에 생각하지 않는다. 선생님이 가르쳐주는 지식은 일방적으로 흡수된다. 그 결과 모두가 획일화된 성인으로 자라게 된다. 아인슈타인은 이렇게 말했다. "교육의 목적은 기계적인 사람이 아니라 인간적인 사람을 만드는 데 있다.” 생각한다는 건 무엇을 뜻하는가? 주어진 일을 기계처럼 처리하지 않는 것이다. 자신에게 어떠한 일이 맡겨졌을 때 어떤 방식으로 풀어나갈지 생각하는 것이다. 아이가 영어를 공부한다면 왜 공부해야 하는지? 수학 공부한다면 왜 수학 공부를 해야 하는지를 생각하고 스스로 동기부여를 하며 길을 찾아가는 것이다.

유대인 부모들이 자주 하는 말, “힘 말고, 머리를 써!”이다. 이 말은 정답 찾기에 급급하여 문제집을 푸는 것이 중요한 게 아니라 생각할 기회를 주는 게 더욱 중요하다는 뜻이다. 예를 들어 “뭐 먹을래?”라는 물었을 때 “아무거나요.”라는 대답은 아이들에게 금물이다. “뭐 좋아하니?”라는 질문에 “모르겠어요.”라는 답변할 경우 함께 이야기를 나눠보자. 자녀가 질문한다면 “좋은 질문이야.”라고 말하며 질문에 쉽게 다가갈 수 있게 한다.

생각하는 근육을 기를 수 있도록 질문으로 대화를 이끌어 나가자.

“너라면 어떻게 하겠니?”
“네 생각은 어때?”

더 나아가서는 "왜 그렇게 생각해?", "넌 어떤 일을 할 때 시간이 빨리 가니?", "넌 뭘 할 때 즐겁니?","나중에 커서 어떤 사람이 되고 싶니?" 등 아이가 생각할 수 있는 이야기를 조금씩 늘려가보는 건 어떨까?

▶ 책을 읽은 후에 무엇을 느꼈는지 생각을 나눠보아요.

▶ 아이가 질문할 수 있게 대화를 이끌어나가주세요.

▶ 장래의 희망이나 무엇이 되고 싶은지 무엇을 좋아하는지 생각해보아요.

11

오직 하나가 아닌 무한대의
가능성을 보라

유대인에게 너무도 유명한 격언이 있다. '100명의 유대인이 있다면 100개의 다른 의견이 있다'라는 말이다. 이것은 사람은 저마다 각자의 다른 개성을 가지고 있다는 뜻이다. 유대인은 서로의 다름을 인정할 뿐만 아니라 서로 다른 의견을 낸다.

유대인 부모는 자녀에게 '어떤 것이든 상관없으니 남과 다른 일을 해라.'라고 가르친다. 그 결과 유대인은 새로운 분야를 발견하고 새로운 영역의 지평을 열어갔다. 또한, 전 세계적으로 예술, 문화, 금융, 경제, 자율주행, 4차 산업 등 정말 다양한 분야에서 두각을 나타내고 있다.

그들에게 대학은 백 개의 길 중 하나의 길일뿐이다

한국 부모의 대부분은 자녀가 SKY 대학에 가길 원한다. 대학은 아이와 부모가 함께 해결해야 할 과제이자 도달해야 할 목적지이다. 우리는 유치원부터 자녀들의 목표가 정해져 있다. 대부분은 같은 길을 간다. 유치원을 나와 초등학교, 중, 고등학교 거쳐 대학교에 간다. 이후에는 취업하고 차를 사고 집을 산다. 사람들 대부분이 이 길을 가고 있다. 이것은 자신이 등수로 평가받기 위한 공부이지 스스로 하는 공부가 아니다. 한국의 많은 학교에서는 주입식의 정답을 찾는 틀에 박힌 학습을 한다. 더구나 우리나라에서 '남들이 하지 않는 일을 해라, 남과 다르게 해라'라고 가르치는 부모는 드물다.

만약 100개의 방이 있는데 모든 아이를 한 방으로 밀어 넣는다면 어떻게 될까? 소위 명문대라는 SKY 대학에 입학하면 자녀의 인생을 책임져줄까? 한국교육개발원 시도별 일반고 대학 진학률에 의하면 울산이 89.9%로 가장 높고 그다음 경북 89.8%, 전남 88.1%, 경기 74.6%, 서울 64.1%의 순이며 전체 평균은 79.4%이다. 우리는 앞으로 '모두가 가는 대학이기에 나도 간다.'라는 것을 진지하게 고민을 해봐야 한다. 히브리어로 유대인의 뜻은 '혼자서 다른 편에 서다'이다. 유대인은 무엇이 좋다거나 사람들이 모두 어떤 일을 한다고 해서 우르르 따라가지 않는다.

유대인은 나의 자녀뿐 아니라 모두가 함께 성공하는 삶을 살기 원한다. 그래서 그들은 모두가 한 방향으로 가지 않는다. 자녀 각자의 개성을 살리고 그 방향대로 나아간다. 유대인에게 대학이라는 것은 백 개의 길 중 하나의 길일 뿐이다. 이스라엘은 우리나라 수능과 같은 시험을 치르는데 이때 대학 입학 정원의 2.5배의 학생들을 합격하게 한다. 만약 여기서 합격하지 못한 학생들은 다시는 대학 진학을 할 수 없다. 모두가 가는 대학이 아닌, 갈 사람만 가고 나머지는 자신의 개성과 특성을 살려 가라는 것이다. 바꿔서 생각해보면 꼭 수능을 보고 대학에 가는 것만이 혹은 공교육이 꼭 정답만은 아닐 수도 있다.

집에서 하는 홈스쿨링이 맞는 아이도 있고 자유롭지만 스스로 자기의 일을 해야 하는 대안학교가 맞는 아이도 있다. 하나의 틀이 공식이 된 것처럼 그 안에 들어가야 안정이 된다. 사실 그 주변 밖을 벗어날 생각도 하지 않는다. 초, 중, 고를 거쳐 마지막 관문인 대학을 졸업하는 게 꼭 정석인 듯 살고 있다. 그것도 12년을 하나의 목적지를 위해 온 가족이 함께 달려간다. 세컨드 찬스가 없는 졸업장으로 어떤 사람은 평생 열등감 속에서 살아가는 반면에, 어떤 사람은 졸업장 한 장을 프리 패스처럼 사용하였다. 그만큼 학교의 네임밸류는 강했다. 하지만 세상이 바뀌었다. 이제는 익숙해진 4차 산업과 인공지능 시대 속에 살고 있다. 앞으로 대학은 단지 100개의 통로 중 하나의 통로일 뿐이다.

자녀의 개성은 찾되, 낙오자는 만들지 않는다

유대인은 그들의 정신은 계승되었지만, 혈통은 지키지 못했다. 나라 없는 세월 동안 흩어져 살았기 때문에 유대인들의 피는 각 나라의 피와 섞이게 되었다. 아프리카에서 살다 온 아프리카계 유대인, 러시아계 유대인, 미국계 유대인, 중국계 유대인처럼 모두 생김새와 문화적 차이가 있다. 이렇듯 유대인은 자녀들에게 '사람은 저마다 생김새가 다르듯이 각자의 생각과 관심사, 재능과 개성이 모두 다른 것을 당연하다'라고 가르친다. 그래서 그들은 남과 다른 나만의 방법이 뭐가 있을지, 남과 다른 나만의 이론, 연주, 학설, 작품 등 남과 다른 그 무엇을 존중해주며 자랑스럽게 여긴다. 여기에서는 세 가지가 존재하지 않는다.

첫째, 낙오자가 존재하지 않는다. 트리나 폴러의 저서 『꽃들에게 희망』은 1972년에 출간된 이후 수백만 부가 팔린 책으로 지금까지도 전 세계의 베스트셀러이다. 이 책에는 작은 애벌레들 수천 마리가 기둥을 오르는 장면이 있다. 서로를 밟고 밟히면서 끌어내린다. 수천, 수만 마리의 애벌레가 서로 뒤엉켜 힘겹게 한곳을 향해 올라간다. 이것은 이 세상의 치열한 경쟁의 면모를 보여주고 있다. 유대인 사회에는 이처럼 누군가를 밟고 이겨야 하는 경쟁이 존재하지 않는다. 그들은 경쟁하지 않기에 뒤처지거나 낙오되는 사람이 없다.

둘째, 비교가 없다. 오로지 성적만으로 비교하는 일도 존재하지 않는다. 우리는 아이가 '수학 진도를 몇 학년까지 나갔는지'부터 '영어가 몇 레벨인지'까지 다른 아이들과 비교를 한다. 개성을 중시하는 유대인에게 각자의 재능과 능력은 비교 대상이 아니다. 많은 부모가 내 아이가 '완벽한 아이'가 되길 바라는 것은 다른 아이들과의 비교에서 비롯된다. 유대인은 나다움을 찾고 나의 개성을 살린다. 그래서 다양성이 존중된다. 개성을 존중하는 곳에서는 '남들처럼'이라는 비교 대상의 기준이 없다.

셋째, 부모의 기대와 강요가 존재하지 않는다. 누가 유대인 부모에게 "아이가 커서 무슨 일을 하면 좋겠어요?" 혹은 "아이가 무엇이 되었으면 좋겠어요?"라는 질문을 받는다면 어떤 반응을 보일까? 그들은 오히려 '저에게 왜 그런 질문을 던지시지요? 저는 엄마인데요'라고 생각하며 고개를 갸우뚱거릴 것이다. 유대인 부모는 자녀의 앞날에 관한 결정은 아이 스스로가 내린다고 생각한다. 그렇기에 "너는 커서 성형외과 의사가 되어라" 혹은 "너는 커서 법조계에서 일해라"라는 식의 말을 하지 않는다. 그렇기에 자녀에게 사회적으로 인정받는 직업을 갖도록 강요하지 않는다.

흔들리는 시대일수록 개성을 발견하라

중국에서 1000년을 이어온 '전족'이라는 풍습이 있었다. 발이 작아야 미인이라는 풍습으로 4~5세 된 여자아이의 발을 단단한 천으로 조여 발을 자라지 못하게 만들었다. 나날이 커가는 발을 무시한 채 작은 신발에 발을 구겨 넣고 다녀야만 했다. 그로 인해 여성들이 제대로 걷지 못하고 살이 썩어가며 허리와 몸에 많은 후유증을 남겼다. 다행히 1950년도에 겨우 폐지되었지만 끔찍한 악습으로 기억되고 있다. 우리나라는 어떤 틀에 자신을 맞춰야 하는 교육을 하고 있다. 마치 전족과 같이 큰 발을 작은 신발에 구겨 넣는 것과 같은 격이다.

나는 집에서 큰아이에게는 '대표님'이라고 부르고 작은 아이에게는 '작가님'이라고 부른다. 큰아이는 기획을 잘하고 리더십 있게 사람들을 이끌어나간다. 작은 아이는 글을 쓰는 것을 좋아한다. 『꼬마철학자 태강이』

외 책을 출판하였다. 이 외에도 요리할 때는 '셰프님', 작은 아이의 공부를 도와주는 큰아이에게 '선생님', 스마트팜을 만들어 식물을 돌볼 때는 '원예 작물사님'이라고 부른다. 이처럼 이름을 붙여주는 이유가 있다.

첫 번째는 아이가 자신이 뭘 잘하는지 인식시켜주기 위함이다. 두 번째는 부모인 나 자신이 자녀를 하나의 틀에 가두지 않기 위함이다. 세 번째는 자신의 강점을 알고 그것에 집중하기 위함이다. 실제로 성공한 많은 사람은 한발 앞서 자신의 개성과 강점을 일찍 발견하고 그것을 발휘했다. 모든 부모는 자녀가 행복하게 살기를 바란다. 긍정심리학자 마틴 셀리그먼은 "행복한 삶은 일상에서 자신의 강점을 발휘하며 사는 것이다."라고 말했다. 자신의 개성을 발휘하며 살라는 것이다.

유대인은 나만이 할 수 있는 개성을 파고든다. 이것이 문화로 자리 잡혀 있다. 이 과정에는 자녀의 호기심이 어디에서 발동하는지 관찰하는 것이 수반된다. 아이의 잠재력을 끌어내기 위한 것이다. 호기심은 개성과 강점지능으로 인해 드러나는 경우가 많다. 아이가 어떤 대상에 흥미를 느끼면 그것에 몰입하게 된다. 이러한 여정에서 유대인 부모는 호기심을 자극하고 그저 자녀 옆에서 격려해준다. 아이의 자유의지와 부모의 전폭적인 지지가 만났을 때 일어나는 불꽃을 그들은 알고 있다.

그 결과 유대인은 참으로 다양한 분야에서 두각을 나타내고 있다. 지금의 백화점 원조는 유대인으로부터 시작되었다. 유니버설 스튜디오, 20세기 폭스, MGM, 파라마운트, 컬럼비아 워너브라더스는 유대인에 의해 설립된 영화 제작사이다. 〈레옹〉의 여주인공 나탈리 포트만, 〈가위손〉의 위노나 라이더, 〈어벤저스〉의 스칼렛 요한슨, 〈아이언맨〉의 기네스 펠트로 역시 유대인이다. CNN 방송국의 대표 앵커인 래리 킹, 미국의 공중파 방송인 ABC, NBC, CBS 모두 유대인이 설립했다. 이 외에도 법조계, 작가, 엔터테인먼트 등 과거의 농업기술부터 인공지능까지 다방면을 아우르고 있다.

유대인 부모의 중요한 의무 중 하나는 아이의 개성을 찾아주는 것이다. 내 아이만이 가진 개성을 특별함으로 인식한다. 그들은 그것을 바탕으로 자녀가 인생을 스스로 발전시켜나갈 수 있도록 응원해준다.

유대인 부모들은 자녀가 세계적으로 저명한 연구자가 되든, 기술을 배워 작은 가게를 운영하든, 물건을 파는 상점을 하든, 서로 조화를 이루며 살아가는 것에 대한 중요성을 가르친다. 그 안에는 각자의 개성이 있고 그 개성을 존중해야 한다는 것이다. 그러면 사회가 서로 어울려 균형 있게 된다고 믿는다.

모두가 한 방향으로만 간다면 서로가 밟고 밟히는 경쟁은 불가피하다. 남이 가지 않은 길을 선택할 때는 용기가 필요하다. 부모의 믿음이 아이를 성장하게 하는 소중한 자양분이다.

♥ 유대인 자녀교육, 이렇게 해봐요!

▶ 아이의 자율성을 존중해주세요.

▶ 다른 아이와의 비교는 멈춰주세요.

▶ 한 가지의 길이 아니라 여러 가지의 길이 있음을 알려주세요.

12

식사 시간 대화가
머리를 깨운다

한국의 인사는 예로부터 "밥 먹었어?", "밥 한번 먹어요."다. 늘 '밥'이라는 말로 인사를 건넨다. 매주 수요일은 무슨 날일까? 정부는 매주 수요일을 가족과 모여 식사를 하는 '가족 밥상의 날'로 지정했다.

질병관리본부에 의하면 가족과 저녁 식사를 함께하지 않는 비율이 우리나라 국민 세 명 중 한 명으로 조사됐다. 가족 동반 식사 비율이 계속 낮아지고 있다. 누군가가 "차 한잔해요.", "커피 드시러 오세요."라는 말은 꼭 커피를 마시자는 것이 아니다. 이것은 '당신과 이야기하고 싶어요.'라는 의미이다.

SBS스페셜제작팀의『밥상 머리의 작은 기적』에서는 "같은 식사라도 혼자 밥을 먹는 것보다 온 가족이 함께 어울려 음식을 나누는 것이 사춘기 아이의 뇌 발달에 효과적"이라고 이야기한다. 음식을 씹고 삼켜서 소화하는 과정뿐만 아니라 식사 중의 즐거운 대화나 부모로부터 받는 정서적 지지가 옥시토신을 배출한다는 것이다. 옥시토신은 뇌 발달과 정서적 안정에 좋다고 한다. 또한 대한 비만학회에 따르면 가족과 저녁을 따로 먹는 초등학생일 경우 비만 확률이 5배나 높다고 한다. 실제 교육부 통계에 의하면 초중고생 비만율은 매년 늘고 있다.

모두가 바쁜 사회를 살고 있다. 혹시 이분보다 더 바쁜 게 살았던 사람이 있을까? "해보기는 했어?"라는 어록을 남긴 고(故) 정주영 회장이 그 주인공이다. 자수성가로 지금의 재벌가를 만든 장본인이다. 삼성은 물론 LG, SK 등과 같은 기업은 사업을 시작하기 전부터 부자였다. 하지만 현대家는 다르다. 어린 시절 서울로 상경해 쌀가게 배달원을 시작으로 지금의 위치에 있는 현대家를 만들었다. 청운동의 새벽은 늘 분주하다. 정주영 회장은 생전에 청운동 자택에서 매일 아들들, 며느리들과 함께 모여 아침밥을 먹는 것으로도 유명하다.

현정은 회장을 비롯한 주변에 사는 현대가의 아들들과 며느리들은 새벽에 청운동에 모인다. 식사 시간은 새벽 5시이다. 아침 식사를 마치고 새벽 6시 30분에는 걸어서 함께 회사로 출근하였다. 정주영 회장은 타계했지만 현대家는 흔들리지 않는다. 현재 현대중공업은 굳건히 세계 1위의 자리를 지키고 있고 2019년 현대건설의 해외 사업 매출은 국내 1위다. 현대자동차그룹 또한 완성차로 미래의 유망한 기업이다. 이처럼 현대家가 경영에 있어 승승장구만 했던 것은 아니다. 어려움도 있고 크고 작은 난관에 부딪히기도 했었다. 하지만 매일 아침 아버지의 식사와 엄격한 경영 수업이 뒷받침되어 정 회장이 없음에도 불구하고 세계 정상을 향해 가고 있다.

요즈음 초등학생에서 청소년, 성인에까지 혼자 밥 먹는 것이 일상 현실이다. 일명 '혼밥'이 대세다. 그러나 가족과의 식사는 인성발달과 식사 예절, 가족과의 유대감에 지대한 역할을 한다. 한국이 OECD 국가 중 자살률이 가장 높다는 오명을 차지한 지는 이미 오래다. 특히 청소년의 우울증과 자살률이 증가하고 있다는 것에 주목해야 한다. 다행히 처방 약은 내부에 있다. 바로 '사랑의 호르몬'이라는 '옥시토신'이다. 옥시토신은 외부의 스트레스와 같은 자극에 맞서 싸우고 고통을 참게 하는 불안 치료제의 성분과도 유사하다.

가족 식사에는 정서적 안정감이 생긴다. 유대인의 청소년 범죄율과 자살, 마약과 음주, 흡연, 이혼율 등이 세계 최저 수준인 것 또한 가족과 식사의 중요성을 증명해준다. 유대인은 인생의 목적이 만찬을 즐기며 가족과 이야기하는 것이기에 10분 만에 서둘러 밥 먹고 일어나는 일은 없다. 학원 가는 차 안에서 허겁지겁 먹거나 아이 혼자 삼각 김밥을 먹는 일도 없다. 가족과 만찬에서의 행복감은 무엇과도 바꿀 수 없다. 이 안정된 기쁨과 행복한 마음은 세상에서 가장 값진 것이기 때문이다.

대대로 이어지는 유대인 밥상 교육

유대인에게 인생의 목적이 무엇이냐고 묻는다면 그들 대부분은 "맛있는 음식을 먹는 것"이라 답한다. 물론 먹는 즐거움은 무엇과도 비교할 수 없다. 부모는 어린 자녀의 오물오물 밥 먹는 모습만 봐도 행복하다.

유대인은 여기서 한 발 더 나가서 대화를 나눈다. 유대인에게 식사 시간은 입 다물고 밥만 먹는 시간이 아니다. 밥 먹으면서 TV를 보는 시간도 아니다. 각자의 휴대폰을 보면서 식사해서도 안 된다. 식사 시간은 부모와 대화를 나누며, 토론하고 상호 교감을 주고받는 시간이다. 또한, 식사하면서 가족과 함께 『토라』와 『탈무드』에 관한 이야기를 나누기도 한다.

유대인에게 가족과의 저녁 식사란 인생의 매우 큰 비중을 차지한다. 삶의 이유가 될 만큼 가족과의 식사는 중요하다. 대부분의 유대인 가족은 바쁜 일상 속에서도 저녁 식사만큼은 집에서 먹는다. 그들의 선조가 했던 것처럼 그들도 이 전통을 이어나간다. 한국뿐 아니라 세계적으로도 1인 가구가 점점 늘어나고 있다. 지구상에서 흔치 않게 가족과 함께 식사하며 밥상머리 교육을 지키고 있는 민족이다. 왜냐하면, 식탁은 가족이라는 유대감이 형성되고 자녀의 인격 형성에 있어 매우 중요한 장소이기 때문이다.

『공부하는 유대인』의 저자인 힐 마골린은 24년 동안 변호사로 근무하면서 저녁은 항상 가족과 함께 식사한다. 하루의 일과를 묻고 학교에서 배운 내용에 대해서도 질문한다. 자녀와의 대화를 중요하게 생각하는 이유는 배움이 학교보다는 가정 중심이라는 생각을 하고 있기 때문이다. 자녀를 학원이나 과외 수업 등의 사교육에 맡기지 않는다. 유대인 식탁에서는 거리낌 없이 의견을 나눈다. 질문과 토론을 통하여 생각하는 힘을 기르고 나아가서 자녀가 홀로 설 수 있도록 하는 교육에 초점을 둔다.

유대인이 뿔뿔이 흩어져 나라가 없는 가운데 지금까지 유대인의 전통을 지켜온 것은 안식일과 가족과의 식사 덕분이다. 아무리 힘들어도 가족이 있다는 것은 지탱할 힘이 있다는 것이다. 가족 식사는 유대인 아버지의 감사 기도로 시작되어 대화와 토론으로 마무리된다. 식사 자리에서 자녀에게 축복의 말과 그날의 칭찬을 해주는 것도 잊지 않는다. 자녀는 가슴으로는 축복의 말들을 품고 입으로는 맛있는 음식을 먹기에 식사는 더없이 즐겁다.

가족 식사는 소통의 통로이다. 유대인 식사 시간의 원칙 중 하나가 있다. 정말 중요한 것인데, 절대 자녀를 꾸짖어 혼내거나 훈육하지 않는다. 그만큼 가족과의 식사 분위기를 중요시한다. 식사하는 시간은 누구에게나 즐거운 시간이 되어야 한다. 세상에서 칭찬과 축복이 오가는 밥상을 싫어할 자녀들은 없다. 밥상머리 식사는 연구를 통해서도 증명된 바 있다. 콜롬비아대 '중독물질용 센터'에 따르면 가족 식사의 빈도수가 높으면 청소년의 흡연, 마약, 알코올 중독 가능성이 줄어든다고 한다. 당연한 말이겠지만 매번 식사 시간에 축복하는 말을 듣는 자녀가 어떻게 삐뚤게 나갈 수 있을까?

밥상머리 교육의 힘은 뛰어나다

식사 시간을 오래 가진 미국의 케네디 대통령은 뛰어난 토론 실력을 갖추고 있는 것으로 유명하다. 그 뒤에는 "너는 어떻게 생각하니?"라는 질문을 항상 실천한 어머니 '로즈' 여사가 있었다. 아이들이 어릴 때부터 토론 교육을 했다. 아침 식사는 신문 기사를 자료 삼아 "네 생각은?"을 끊임없이 물었다. 케네디는 뉴욕타임스를 읽지 않은 날이면 아버지의 날카로운 질문을 견디지 못해 식탁에 앉을 수 없었다고 회고한다. 식탁에서는 먹는 것만이 아닌, 토론을 통해 가족과의 대화와 화합 그리고 성장을 하게 했다.

하버드대학 '캐서린 스노' 교수의 연구에 의하면 어린아이의 경우 책 읽기를 통해 배우는 단어의 수는 140개다. 반면 식사 시간을 통해 습득하는 단어는 1,000여 개로 6배가 넘는 어휘량이다. 결론은 '밥상머리 교육의 힘은 뛰어나다'이다. 이야기를 나누며 하는 식사는 다이어트에도 효과적이다. 급하게 혼자 식사하는 것에 살찌는 이유 있다. 음식 섭취 시 포만감을 느끼면 식욕을 억제하는 호르몬이 나온다. 뇌로 배부르다는 신호를 주는 '랩틴' 호르몬은 식사 시작한 지 15분이 지나야 분비된다. 많은 양을 급하게 먹었다면 포만감이 들지 않고 위는 포화상태이지만 뇌는 느끼지 못해 계속 먹게 되는 것이다.

얼마 전 서울역 노숙자 봉사를 다녀온 적이 있었다. 거기서 물건을 파시는 아주머니에게 생각지도 못한 말을 들었다. 노숙자들이 술을 마시는 이유에 대해서다. 여러 가지 이유가 있지만 가장 큰 이유는 '외로워서'라고 한다. 가족이나 친척 한 명 없이 혼자라는 외로움이 너무 크기 때문에 그것을 잊고 잠들기 위해 술을 마신다. 외로움이라는 감정이 두렵고 쓰라려서 술에 취한다는 것이다. 그날 집으로 돌아오는 길에 가족이 있다는 자체만으로 감사했다.

지금 온 가족이 함께 밥을 먹고 있다면 우선 그 자체에 감사하자. 한발 더 나아가 대화와 질문을 하면서 밥을 먹자. 꼭 공부만이 아닌 여러 가지 토론이 가능하다. 초등학생이라면 관심 분야의 이야기로 시작하는 것도 좋다. 분위기가 딱딱하다면 좋아하는 연예인 신곡 이야기로 부드러운 분위기를 만들 수도 있다. 신문을 활용하여 대화와 토론을 하는 것은 자녀들의 성장에도 큰 도움을 준다. 예를 들어 향후 어느 주식이 유망할 것인지, 기후 변화가 주는 영향이 무엇인지 등이다.

혹 어린 자녀일 경우, 너무 돌아다녀 밥 먹는 것이 힘들다면 첫 번째로 식탁에 앉아서 얌전히 먹는 것부터 알려줘야 한다. 한 가지 반찬과 밥만 먹는다면 다른 반찬을 권해주고 그것을 먹을 때는 칭찬을 해준다. 밥 먹는 것이 즐겁다는 인식을 심어줘야 한다. 대부분은 즐거운 마음과 칭찬으로 밥을 먹게 해주지만 어린 자녀가 입 밖으로 밥을 내뱉는다면 뱉지 말아야 한다는 것을 알려주자. 아이 혼자 밥 먹게 둬서는 안 된다. 밥을 늦게 먹는 아이라면 '시계의 긴 바늘이 어디에 갈 때까지 먹는 거야.'라는 식사 시간의 중요성도 알려주자. 동물들은 오직 먹기 위해서만 모인다. 절대적인 가치를 지닌 사람에게 있어 식사의 꽃은 '대화'라는 것을 잊지 말아야 할 것이다.

밥상머리의 장점

1. 자녀들이 정서적 안정감을 느끼게 된다.

2. 가족 간의 유대감이 형성된다.

3. 편식을 줄이고 인스턴트 음식을 먹지 않게 된다.

4. 자녀들의 언어 습득과 언어 구사 능력이 높아진다.

5. 부모님과 음식에 대해 감사함을 알게 된다.

밥상머리 교육 실천하기

1. 가족이 모이는 요일과 시간을 정한다.

2. 식사 준비를 자녀들과 함께하고 식사를 마치고 함께 정리한다.

3. 너는 어떻게 생각하니? 식의 열린 질문을 한다.

4. 절대 꾸중하거나 잔소리를 하지 않는다. 오직 공감과 칭찬을 한다.

5. 식사 중에는 TV를 끄고 스마트폰을 내려놓는다.

13

대화의 시작과 끝을
질문으로 하라

아인슈타인은 독일 유대인 가정에서 자랐다. 그는 "나에게 1시간이 주어진다면 처음 55분은 적절한 질문을 결정하는 데 쓸 것이다."라고 말했다. 질문을 얼마나 중요하게 생각하는지 여실히 보여주고 있다.

유대인은 질문의 힘을 가장 잘 활용하는 민족이다. 전 세계적으로 두각을 나타내는 이유이기도 하다. 그들에게 세상의 모든 것이 질문의 재료가 된다. 유대인 랍비 마빈 토카이어는 "유대인 학교에서는 좋은 질문을 하는 학생이 학급의 리더가 된다."라고 말했다. 교육의 핵심은 질문이고 가장 중요한 덕목이다. 그들은 질문의 답을 찾기 위해 끊임없이 생각한다.

　최근 한 카페에 올라온 초등학교 5학년이 쓴 '어른들에게 사랑받는 법'이라는 수필이다. "나는 12년을 살아가면서 어른들에게 사랑받는 법을 터득했다. 하지만 내가 터득한 사랑받는 법을 실천에 옮기는 건 쉽지 않았다. 그래서 방법은 알지만, 실천으로 옮기지 못해 미움받고 있다. 사랑받는 법 리스트를 적어보았다. 첫째, 어른들 질문에 '왜요?'라고 질문으로 답하면 안 된다. 그렇게 하면 꾸중을 들을 수도 있고, 예의에도 어긋난다. 둘째, 시키는 대로 해야 한다. 강제적이지만 이걸 실천해야 칭찬을 듣든 사랑을 받든 할 수 있다." 여기서 우리나라의 현실이 여실히 드러난다. 그렇다. 우리는 '왜요?'라고 묻는 것이 곧 말대꾸라는 것이기에 하면 안 된다고 배워왔다.

유대인은 바보 같은 질문이라도 반드시 하라고 가르친다

　유대인은 질문을 가장 많이 하는 민족으로 알려져 있다. 그만큼 질문을 잘 활용한다. 의구심이 드는 것을 그냥 지나치는 법이 없다. 유대인 속담 중에는 '길을 헤매는 것보다 열 번이라도 길을 묻는 것이 낫다.'라는 말이 있다. 그래서인지 아이들이 어떤 질문을 해도 부모는 귀찮은 내색을 하지 않는다. 부모와 거리낌 없이 의견을 나누며 스스럼없이 질문한다. 삶은 정답이 없고 질문을 통해 찾아간다고 믿는다. 그래서 어렸을 때부터 사물에 대한 호기심과 의문을 품도록 질문하고 가르친다. 그들은 어디서든 질문을 한다. 처음 만나는 사람과도 어떤 주제로도 30분 이상 이야기를 나누는 것이 가능하다.

아이들은 궁금한 것들이 많다. "바다의 소금은 어디서 계속 나와요? 변기에 싼 똥은 어디로 가요? 바람은 왜 눈에 안 보여요?" 말이 되는 질문이든지 말이 되지 않는 질문이든지 엉뚱한 질문일수록 부모들은 더욱 반긴다. 그 질문에 유대 부모들은 인내하며 몇 번이고 질문으로 답한다. 그들은 질문이 생각을 키워주는 데 가장 효과적이라는 것을 알고 있다. 한 유대인은 "동양 부모들은 자녀가 학교에 갔을 때 선생님 말씀 잘 들으라고 한다. 하지만 이 말은 정말 무서운 일이다."라고 말했다.

유대인 부모는 등교하는 아이에게 "선생님에게 자주 질문해라", "네가 다르게 생각하는 부분이 있다면 반드시 질문해라", "네가 모르는 것이 있으면 여쭤보렴"이라고 말한다. 이렇듯 항상 질문의 중요성을 인식시킨다. 모르는 걸 묻는 것은 잘못되거나 부끄러운 일이 아니라고 말해준다. 자기표현을 하라고 알려준다. 질문하는 분위기를 항상 장려한다. 유대인에게 과묵하다고 말하는 것은 좋은 표현이 아니다. 아이들이 조용하거나 말을 하지 않는다면 그 부모에게는 큰 걱정거리다.

직원 2명으로 소프트뱅크를 시작한 손정의에게는 끊임없이 질문을 던지는 아버지가 계셨다. 훗날 그는 생각하는 힘만큼은 누구에게도 지지 않는다고 회고했다. 손정의 아버지는 수시로 질문을 했다. 건널목에 잠시 대기하고 있을 때도 "파란 신호에 보행자가 사고가 났다면 왜 났을까?"라는 식이다. 1,093건의 특허를 낸 에디슨을 이제는 퇴학당한 아이로 기억되지 않는다. 매일 이상한 질문만 했던 에디슨을 학교에서는 받아주지 않았다. 하지만 어머니만은 어떠한 질문을 해도 받아주며 다시 질문과 답변으로 이어나갔다. 그 결과 지금 에디슨이 더 빛날 수 있었다.

질문, 누구나 잘 할 수 있다

때론 부모의 질문은 자녀의 창의력을 절제시킨다. 『하버드 100년 전통 말하기 수업』에서는 "대화의 마침표를 찍는 사람이 되지 마라."라고 했다. 바꿔 말해서 대화의 마침표를 찍는 질문을 하지 말아야 한다. 한국에서 부모와 대화 중 대부분은 '학원 다녀왔어?', '학교 잘 다녀왔어?', '숙제했어?', '영어 단어 외웠어?', '시험 잘 봤어?' 등 '예' 혹은 '아니오'라고 단답식으로 응답할 만한 질문이다. 답변 이후에는 질문을 더 이어갈 수 없다. 유대인 부모는 자녀들이 일상에서 자연스럽게 질문으로 창의력을 발휘할 수 있게 해준다. 유대인 부모들에게는 질문하는 몇 가지 특징이 있다.

첫째, 경청한다.

그들은 자녀의 말을 잘 들어준다. 질문을 잘하기 위해선 우선 들어야 한다는 것을 알고 있다. 아이의 말을 중간에 자르거나 가로채지 않는다. 심리 상담실에서 상담자는 주도할 뿐 많은 말을 하지 않는다. 내담자의 이야기를 충분히 듣고 상담사는 질문할 뿐이다. 유대인 부모는 아이보다 더 말하지 않는다. 경청이 바탕이 된 질문이 되어야 한다는 것을 잘 알고 있다.

둘째, '왜?'와 '무엇?'으로 질문한다.

유대인 부모는 늘 아이의 의견을 물어본다. '왜 그렇게 생각하니?',' 네 생각이 뭐니?' 유대인 아이들은 '왜'를 항상 입에 달고 산다. 대표적으로 구글의 창업자 래리 페이지와 그의 단짝 세르게이 브린은 유대인이다. 그들은 서로에게 '왜'라는 질문을 주고받으며 구글을 창업했다. 질문으로 문제와 해결점을 찾은 것이다. 나무에서 사과가 떨어지는 것은 당연한 일인 것일까? 그것을 본 사람은 수백만 아니 수만 명이 넘을 것이다. 하지만 뉴턴만이 '왜'라는 이유를 물었다. 물이 담긴 욕조에 들어가면 물이 넘치는 것을 경험한 사람은 많지만, 아르키메데스만이 유레카를 외쳤다. 모두가 당연하다고 생각했던 것들에 의문을 갖고 만유인력과 부력이라는 답을 찾아냈다. 세상을 변화시켰던 위대한 발명과 과학사는 모두 질문으로부터 시작됐다.

셋째, 자녀가 질문하면 질문으로 답한다.

아이가 묻는다. "엄마 인종평등이 뭐예요?" 엄마는 고개를 갸우뚱거리며 "인종평등이 뭘까?"라고 되묻는다. 간단하다. 아이의 질문을 다시 질문으로 답하면 된다. 쉬워 보이는 이 답변이 아이의 뇌를 움직이게 한다. 아이는 질문을 받고 생각한다. 여기서 중요한 것은 그 질문을 다시 생각하게 만드는 점이다. 때론 자녀의 질문에 답을 그냥 알려주는 것이 학습에 빠른 진행이 될 수 있다. 하지만 유대인 부모는 정답을 알려주지 않는다. 조금 더디더라도 궁금증을 유발할 수 있는 질문으로 다시 묻는다. 아이들에게 끊임없이 생각할 기회를 주려고 유도하는 것이다.

질문의 힘은 정답보다 더 강력하다. 이것이 중요하다. 자녀는 이런 과정을 통해 스스로 생각하는 방법을 터득한다. 오직 부모는 의견과 방향만을 제시할 뿐, 아이 스스로 답을 찾아내 이끄는 것이다. 이것이 습관이 되면 아이의 성장은 눈부시다. 여기에는 부모의 인내와 끈기가 요구된다. 하지만 이러한 환경에서 자란 아이들은 부모에게 의지하지 않고 스스로 선택하고 결정한다. 나아가서는 자신의 결정에 책임감을 느끼고 자립심 또한 굳게 형성될 것이다.

질문을 두려워하면 수동적으로 배우게 된다. 유대인은 어떤 주제에도 자신이 납득할 때까지 질문을 멈추는 법이 없다. 어느 정도 선에 서라는 타협이 허용되지 않는다. 질문을 던져서 기필코 문제를 해결한다. 이런 태도는 역시 어렸을 때부터 축적된 습관의 결과다. 유대인 학교에서는 질문하는 훈련을 통해 질문하는 습관을 자리 잡게 하는 교육을 진행한다. 아이가 의견을 발표하면 격려해주고 칭찬을 해준다. 발표할 때 고개를 들지 못하거나 몸을 꼬고 뒤로 빼거나 수줍어하는 아이에게는 즉시 주의를 시킨다. 바른 자세로 질문과 발표를 할 수 있게 교정해주고 질문을 경험할 수 있는 방향으로 수업을 진행한다.

이스라엘 대학의 교수들은 강의실에서 많은 질문이 오가기에 수업하는 시간에 긴장을 늦출 수 없다. 수업하는 시간에는 토론과 함께 수많은 질문이 매시간 쏟아져 나온다. 유대인 교육의 핵심은 '질문의 능력을 키우는 것'이다. 그들은 답변을 들을 때도 상대방이 말하고자 하는 핵심을 먼저 파악하라고 가르친다. 이후 타당성을 따지고 오류를 찾는 비판적인 사고를 함께 한다. 이때 질문은 고정된 틀을 깨고 생각을 확장한다. 질문은 뇌를 자극하는 최선책의 운동이라고 굳게 믿는다.

뇌의 근육을 단련하기 위해 유대인 선생님이나 부모 할 것 없이 자녀가 어떤 질문을 해도 칭찬하고 반응한다. 설령 모르는 것을 질문하는 것을 부끄러워하지 않는다. 유대인 부모는 자녀에게 질문의 중요성을 알려준다. 그리고 모든 교육과 가르침에 질문을 잘하게 길러진다. 질문도 훈련이다. 최근 하버드대보다 더 들어가기 어려운 미네르바 대학 입시 질문은 이러하다. '기대수명이 서른 살이라면 당신은 그 안에 무엇을 할 것인가? 왜 노인만 지혜롭다고 하는가, 젊은이는 지혜로울 수 없는가?' 등 이런 질문에 대해 평소에 바로 답하기는 쉽지 않다.

2세에서 5세의 아이들은 5만여 개의 질문을 한다. 하지만 고학년이 될수록 질문은 줄어든다. 프랑스의 교육자 닐 포스트먼은 "물음표로 입학하지만, 마침표로 졸업한다."라고 말했다. 정말 그랬다. 초등학교 시절에 우리는 답을 몰라도 손도 번쩍 들며 발표하고 질문했었다. 수업에서의 질문은 '배우고 알고 싶다'라는 의지의 표현이다. 하지만 그 질문들은 언젠가부터 자연스럽게 소멸했다. 대학 시절 우리에게 '질문 있나요?'라는 말은 수업이 끝났음을 암묵적으로 나타내는 표현이 되었다.

EBS에서 〈다큐프라임-'왜 우리는 대학에 가는가〉를 방영했다. 촬영팀은 중학교에 가서 한 학생에게 "궁금한 게 있으면 어떻게 하나요?"라고 물었다. 이 학생은 대답은 "일단 궁금한 게 안 생겨요. 계속 프린트랑 교과서만 읽게 되니까요."라고 대답했다. 그렇다. 암기 위주의 주입식 교육에서는 질문하기 어렵다. 여기에 '왜'와 '어떻게'로 발전하기는 힘들다. 질문이 허용되지 않는 환경에서는 창의적이고 독창적인 사고로 확장되기 어렵다. 어릴 적 모든 것을 궁금해하며 '이게 뭐야'라고 물었던 우리에게 무슨 일이 있었던 것일까? 대체 어디서부터 잘못된 걸까? 앞으로는 어느 강연에서든 '질문 있나요?'란 질문에 시선을 피해서는 안 될 일이다. 자녀에게 '왜'라는 질문을 하며 한 걸음 나아갈 수 있게 해주자. 호기심과 의문점을 가지고 질문할 수 있는 사람만이 도약할 수 있다.

♥ 유대인 자녀교육, 이렇게 해봐요!

▶ 질문의 중요성을 말해주세요.

▶ 하나의 단어로 질문을 만들어주세요.

▶ 아이가 질문했을 때, '참 좋은 질문이구나!'라고 답해주세요.

14

일상의 하브루타가
창의성을 만든다

이스라엘의 주변 아랍 국은 석유로 부를 이루었지만, 이스라엘은 석유가 없다. 국토의 6%가 사막이며 물 부족 국가로 오수의 대부분을 농업용수로 재활용하는 것으로 유명하다. 하지만 그들은 불평하지 않고 하나님께 감사한다. 즉 하나님이 자신들에게 창의적일 수 있는 환경을 주셨다고 생각한다. 우버에는 택시가 한 대도 없지만, 택시 사업을 한다. 에어비앤비는 호텔이나 콘도 하나 없이 글로벌 체인으로 확장해가고 있다. 세계 인구의 0.1%도 너무나 적은 비율이다. 하지만 국가적으로 봤을 때 이스라엘은 인구당 특허권 보유 수가 세계 1위다. 1인당 창업 비율도 가장 높은 나라 역시 이스라엘이다. 이것의 중심에 '하브루타'가 있다.

유대인의 창의성을 기르는 교육의 비밀

흔히 4차 요즘과 같은 산업혁명 시대에 창의적인 사고는 필수라고 한다. 하지만 창의력에 대해 오해하는 것이 있다. 창의성은 천재들만의 전유물이라는 생각이다. 과연 창의력은 타고나는 것일까? 어떤 사람도 태어나면서부터 창의력을 가지지 못한다. 그렇다고 해서 비창의적으로 태어나지도 않는다. 이스라엘의 대부분 교육은 창의력을 계발하는 데 그 초점을 두고 있다. 유대인은 창업할 때도 필요한 자금보다 창의력을 우선시한다. 우리는 누구나 뇌를 발달시키면 창의적인 사람이 될 수 있다. 어린아이들은 창의력이 높다고 말한다. 그것은 아이들의 사고가 자유롭기 때문이다.

인공지능 시대가 도래하였다. 그래서 더욱 인간만이 할 수 있는 창의성을 키우는 하브루타 공부법이 더 주목받고 있다. 하지만 한국의 교육은 일방적으로 듣고 적고 외우는 방식이다. 암기 위주의 학습 방식으로는 창의성을 기대하기는 어렵다. 이스라엘과 한국의 학생들에게 벽돌이 쓰이는 곳을 모두 말해보라는 실험을 했다. 한국 학생들은 장독 받침대, 집 지을 때 등 몇 가지밖에 나오지 않았다. 반면 이스라엘 학생들은 도둑 때려잡을 때, 화분 받침대, 종이 누를 때, 양변기 물 절약할 때, 엘리베이터 버튼을 누르기 위해 올라설 때, 화분 올려놓을 때, 문 닫히지 않게 잡고 있을 때, 망치가 없을 때 등 무려 150가지 상황을 도출했다.

인생은 공식이 적용될까? 살면서 창의력과 지혜를 풀어나가야 하는 일들이 대부분이다. 예를 들어 유대인은 우리가 기초라고 생각하는 구구단조차 외우지 않는다. 어렸을 때부터 외워서 쉽게 얻는 습관을 들인다면 창의력이 없어진다는 생각을 하고 있다. 달달 외워서 풀기보다 어린아이도 문제에 맞서 해결하기 위해 힘쓰게 한다. 수학 문제 역시 원리를 이해하고 풀기 때문에 시간이 지나도 기억이 오래간다. 어찌 보면 답답한 상황들을 유대 부모는 인내하고 기다린다. 틀에 박힌 생각을 하지 않기 위함이다. 모든 교육을 창의력 교육에 무게를 둔다. 그들은 비록 더디지만 이런 과정을 통해 창의력의 깊이가 깊어진다는 것을 알고 있다.

『탈무드』는 은유적, 비유적 표현들이 메시지로 들어가 있다. 그래서 그 내용을 그대로 받아들이면 안 된다. 왜 그렇게 생각했는지 질문한다. 한 가지의 내용에 대한 다양한 해석과 의견을 말한다. 결론은 자기 스스로 내린다. 다양한 관점과 다양한 견해를 갖게 한다. 창의성은 다르게 생각하는 능력이다. 그런 면에서 하브루타는 창의성의 계발하는데 가장 좋은 도구이다. 스티브 잡스는 "창의성은 기존에 있는 요소를 잘 연결하는 것이다.”라는 말을 남겼다. 잡스의 말처럼 창조는 기존의 있는 것을 잘 연결할 때 탄생하는 일들이 많이 있다.

위력의 하브루타, 일상에서도 가능하다

하브루타는 어떻게 하는 것인가? 하브루타는 반드시 짝을 지어 질문하고 토론한다. 그것이 가장 빨리 배우는 방법이다. 교사 없이 서로 가르치고 배우며 토론하는 수업 방식이다. 한 번은 선생님이 되어 가르치고 다른 한 번은 학생이 되어 배운다.

하브루타는 『탈무드』의 해석을 놓고 토론하고 논쟁하는 것에서부터 시작되었다. 한 구절을 읽고 그에 대한 자신의 해석을 말한다. 듣고 있던 상대방은 오류를 따진다. 서로의 논리로 받아치며 치열할 논쟁을 한다. 하브루타는 정답을 논하는 학습이 아니다. 이것이 가장 중요하다. 스스로 답을 찾아가며 논리를 찾아가는 능력을 배우는 것이다. 자신만의 생각을 뒷받침해야만 설득하는 것과 토론하는 일이 가능하다.

하브루타를 활용할 수 있는 종류는 각양각색이다. 유대인의 도서관 ‘예시바’에서 『탈무드』를 놓고 토론과 논쟁을 하는 것도 하브루타이다. 아이에게 책을 읽어주며 나누는 대화도 하브루타이다, 학교에서 선생님이 학생에게 질문하면서 주거니 받거니 하는 수업도 하브루타이다. 또한, 자기 스스로 묻고 답하는 것도 하브루타라고 할 수 있다.

하브루타는 엄마가 임신했을 때부터 시작된다. 태교에서부터 시작된 하브루타는 아이와의 애착 관계에 효과적이다. 이것은 아이가 태어나서 잠자리 독서로 이어주는 매개가 된다. 자녀가 세 살이 되면 아빠와 『토라』를 배우며 하브루타를 한다.

매주 돌아오는 안식일은 온 가족이 모두 모여 식사를 한다. 유대인 부모들은 식사하면서 자녀들과 대화를 자주 나눈다. 생각을 표현하고 토론을 하며 하브루타를 한다. 하브루타의 특징 중 중요한 것 한 가지는 수평적 관계를 유지한다는 것이다.

청소년 문제는 대부분 강압적인 부모와의 대화 단절에서 오는 것이 많다. 수직적 관계가 아닌 수평적 관계에서는 가족 간의 소통은 더 원활하게 이루어진다. 그래서 이스라엘 자녀는 사춘기가 되었을 때 '내 마음을 아무도 알아주지 않는다.'라고 말하지 않는다. 그 결과 이스라엘 청소년의 범죄율이 세계에서 가장 낮다.

하브루타는 지식 전달을 위한 수단으로도 큰 역할을 한다. 어떤 사람은 자신이 좋아하는 분야는 전문가만큼 알고 있지만, 관심 없는 분야에서는 초보자일 수도 있다. 그래서 서로에게 배운다.

텍스트를 읽은 후 자신이 이해하고 있는 것을 질문하며 확인한다. 혼자만 읽는 것은 단순한 입력(input)이다. 반면에 상대에게 출력(output)을 생각한다면 텍스트를 읽는 태도부터가 다르다. 유대인 속담에는 "눈으로 본 것은 경험이라고 할 수 없지만, 입으로 말한 것은 나만의 경험이 된다."라는 말이 있다. 하브루타는 뇌를 긴장하게 하고 운동시킨다. 설명하고 때론 가르쳐야 하는 것은 자기 스스로가 충분히 이해하고 있어야 함을 전제로 한다.

유대인의 무기 하브루타

유대인은 AD 70년에 나라가 증발한 것처럼 소멸하여 세계를 떠돌아다녔다. 방금 정착한 곳이라도 언제 다시 떠나야 할지 모르는 노마드의 삶이었다. 유대인은 '공기 인간'이라는 말을 들으면서도 자신들의 존재를 지켰다. 공기는 아주 미세한 틈만 있어도 스며들 수 있다. 자유롭지 않은 상황에서 유대인에게는 지식과 지혜만이 유일한 희망이었다. 배울 수 있는 공간과 가르쳐주는 스승이 있다는 것은 상상치도 못할 일이다. 하지만 그들은 오랫동안 스승 없이도 배울 수 있는 하브루타라는 최고의 방법을 찾아냈다. 그것은 폭넓게 다양한 생각을 하게 해준다.

유대인의 비판적인 사고력은 하브루타의 결과다. 유대인은 정보를 곧이곧대로 받아들이지 않는다. 조목조목 따지며 정보의 검증 과정을 거친다. 이때 다양한 측면으로 생각한다. 비판적인 사고는 새로운 발견과 변화를 이뤄간다. 논쟁을 통해 내 생각을 상대방에게 피력하는 과정에서 논리력이 향상된다. 만약 상대방의 의견이 나와 일치한다면 지지해준다. 정보를 그대로 받아들이지 않고 항상 다른 이면을 생각한다. 때로는 당연하게 생각하는 것도 뒤집는다.

이것이 현실에서 두각을 보이는 곳이 있다. 바로 법정이다. 법정 논쟁은 가장 격렬하며 철저하게 준비해야 하는 머리싸움이다. 『탈무드』 하브루타를 계속하며 자라온 유대인들의 법조계 진출이 두드러진다. 미국 대학 법대생의 30%가 유대인이다. 유대인 변호사는 일반 변호사와 비교해 3배 이상으로 수임료가 높다. 세분화한 탄탄한 조항과 높은 승소율로 미국의 상류층에서는 유대인 변호사를 찾는다. 일상생활이 하브루타인 그들은 협상하는 기술도 자연스럽게 체득했기 때문이다.

아이들에게 하브루타 훈련은 언제 어디서든 가능하다. 집에서 사용한 플라스틱이나 종이상자, 재활용품을 버리기 전에 아이에게 물어볼 수도 있다. "이 상자는 튼튼해서 버리기 아까운데, 어디다 사용했으면 좋겠니?" 아이는 "팽이나 딱지를 담으면 좋겠어요."라고 말할 수 있다. 그림책을 읽을 때도 표지를 보고 어떤 내용일지 인물의 마음을 이해하게 하는 하브루타, 내용을 모두 읽고 질문하는 하브루타, 아이의 느낌을 물어보고 생각하게 하는 하브루타, 아이의 행동과 접목하는 실천 하브루타 등이 있다. 마지막으로 그림책을 본 후 그것을 그림으로 표현하는 하브루타까지 다양한 것들을 일상에서 할 수 있다.

창의적인 사람은 갑자기 번쩍하고 창의적인 사람이 된 것이 아니다. 그들에게는 모든 일상이 하브루타다. 자주 실천하기 때문에 익숙하다. 이런 간단한 훈련을 하다 보면 아이디어가 샘솟게 된다. 똑같은 사물이나 현상을 새로운 관점으로 보고 생각하게 된다.

일방적인 가르침만 받은 아이에게 창의력을 자라게 하는 것은 어렵다. 책상에 자리 잡고 앉아서 학습하는 것이 아닌 일상에서 이뤄지는 하브루타식 대화가 중요하다. 수천 년간 전해 내려온 유대인의 공부법인 하브루타가 결과로 말해주고 있다.

▶ 창의 하브루타를 하려면요

1. 하브루타를 같이 할 또래 친구를 찾고 아이디어를 나눠주어요.

2. 하브루타는 거창하지 않아도 된다. 일상에서 사소한 것부터 시작해요.

3. 영화를 본 후 그림으로 표현하게 해주어요.

4. 아이의 질문에 기뻐하는 표정으로 답해주어요.

15

경계가 없는 평등이
최고의 결과를 만든다

그들은 당돌하다. 자기의 생각을 거침없이 이야기하고 용기 있게 밀고 나간다. 힘든 환경 속에서 좌절되더라도 당당히 전진한다. 그들의 삶은 오랫동안 차별과 박해를 받으며 자유를 제한받았다. 하지만 그 모든 상황을 기회로 바꾸며 성공이라는 열매를 맺었다. 그래서 실패를 주저하지 않고 도전한다. 이런 정신은 이스라엘 사람들의 몸에 배어 있다. 이스라엘이 지금의 성공한 국가가 될 수 있었던 바탕에는 '후츠파' 정신이 있었다는 것을 꼽는다. '뻔뻔스러움', '철면피'라는 뜻으로 우리나라 말에서 굳이 찾자면 "들이대기"에 가깝다. 유대인 젊은이들은 낯선 사람들에게도 쉽게 말을 건다. 처음 본 사람의 차를 얻어 타는 것도 매우 자연스럽다.

후츠파의 정신의 바탕에는 평등이 있다

후츠파는 하브루타에서 비롯되었다. 예시바에서 『탈무드』를 논쟁할 때에는 둘 혹은 셋이 짝을 지어 하브루타를 해야 한다. 만약에 짝이 없다면 처음 본 사람에게 들이대서 하브루타를 해야 한다. 그 사람은 그날 처음 본 사람이지만 거리낌이 없다. 그리고 바로 『탈무드』 논쟁에 들어간다. 이것에서 후츠파가 생겨났다. 수평적인 관계에서 긴장감은 감소한다. 하브루타 역시 나이나 직책과는 상관없이 반론을 제기하며 거리낌 없이 표현한다. 표현과 질문을 한다는 것에는 큰 용기가 필요하지 않다. 그 바탕에는 모두가 '평등'하다는 생각이 내재하여 있기 때문이다.

민주주의 제도를 처음 도입한 것도 유대인이다. 남성과 여성이 동등한 권리가 있다는 남녀평등을 처음 선언한 것도 유대인이다. 그들에게는 절대적 권위를 가진 지도자가 없다. 현명하고 지혜로운 자들의 의견이 있을 뿐이다. 많은 나라가 복장으로 신분을 차등하고 있지만, 유대인은 복장을 통해 신분을 나타내지 않는다.

유대인에게 절대적인 권위자는 하나님이다. 그 외에는 무엇도 존재하지 않으며 신 앞에서 모든 인간은 평등하다고 생각한다. 이스라엘 관료들은 현재에도 대통령 앞에서조차 넥타이를 매지 않는다. 그들은 단지 외국 정부와 회의를 할 때만 넥타이를 매고 정장을 입는다.

마크 저커버그를 비롯한 유대인 기업가들은 직원들과 함께 앉아서 일한다. 우리가 상상하는 큰 사장실이 아니다. 일반 직원들과 함께 같은 사무실에서 똑같은 책상을 쓰며 일한다. 그는 높은 지위임에도 불구하고 삼선 슬리퍼를 신으며 청바지와 티셔츠 등 위계질서 없는 복장을 추구한다. 모두가 평등하다는 것이다. 여기서도 수평 문화의 후츠파 정신을 엿볼 수 있다. 인텔의 창업자 앤드루 그로브는 헝가리 태생 유대인이다. 그는 운전기사를 두지 않고 직접 운전한다. 지정 주차가 아닌 일반 사원들과 같은 주차장에 선착순으로 주차를 하고 직원과 똑같은 크기의 사무실을 사용한다.

한국은 보수적이고 획일적이다. 의사나 의료계에 종사하는 사람을 만나면 이쪽이 너무나 보수적이라고 말을 한다. 건설 쪽 일을 하는 사람과 만나서 일을 하면 건설 쪽이 보수적이라고 하고 법률 종사자들을 만나서 이야기하면 이쪽이 보수적이라고 한다. 방송, 엔터테인먼트, 언론 등 그 안에 종사하는 사람들은 모두 자신의 업종이 가장 보수적이라는 말을 한다. 보수적인 면도 있지만 같은 업종 사람 외에 접속하지 못한 폐쇄적인 영향도 크다. 다양하게 보지 못하고 자기가 놓인 상황만 보게 되어 시야는 더 좁아진다. 앞서 나가는 기업에서는 직급을 없애거나 책상의 파티션을 없애는 등 조금씩 변화하는 추세이지만, 현재까지는 미미하다.

대담하고 거침없이 표현한다

과거 한 광고 중에 '모두가 옳다고 할 때 아니라고 대답할 수 있는 힘'이라는 유명한 문구가 있었다. 실제 이런 용기를 내기는 가히 쉽지 않다. 유대인 아이들은 학교 선생님이나 어른들에게 이야기할 때 눈치를 보지 않는다.

이스라엘에서는 신입사원이 사장에게 찾아가 건의를 하는 것이 특이하지 않다. 자녀가 부모에게, 사병이 장교에게, 학생이 교사에게 의견을 피력하고 비판하며 때론 논쟁도 벌인다. 이런 것들이 올바르다고 생각하기에 이스라엘 사람들은 어떤 자기주장을 굽히지 않는다. 이런 거침없는 태도는 자신감에서 비롯된다.

유대인 부모는 자녀에게 무조건 순종하라고 가르치지 않는다. 자녀를 자신의 소유로 여기지 않기에 권위적이거나 강압적이지 않다. 그들은 항상 자녀의 이야기를 잘 들어주고 그 안에서 끊임없이 질문한다. 그렇다고 권위를 존중하지 않는 것은 아니다. 다만 맹목적으로 따르는 일이 없을 뿐이다. 아이들은 있는 그대로를 표현한다. "저는 그렇게 생각하지 않아요" 혹은 "왜 그렇게 해야 하는 거죠?"라고 말한다. 이것은 말대꾸나 반항이 아니다. 오직 자기의 생각을 솔직하게 표현하는 것이다. 우리나라에서는 부모를 똑바로 보며 이야기하는 것은 버릇없는 일로 여겨지지만, 유대인 자녀가 부모를 보며 이야기하는 것은 일상적인 일이다.

그들이 평등 정신을 추구한다는 것을 생각하면 이해하기 쉽다. 겉보기에는 경계가 없어 보일 수 있다. 하지만 그 안에도 서열과 질서가 존재한다. 다만 질서로 인한 차별이나 차등이 없을 뿐이다. 그들은 학문과 배움이 존중되는 만큼 교사의 지위도 높다. 유대인 부모는 학교에서 교사가 지나가면 학생이 앉아 있었더라도 반드시 일어서라고 가르친다. 또한, 유대인 가정에서는 가족들이 쓰는 수저나 수건, 칫솔 등과 같은 생필품에도 서열화가 되어 있다. 어려서는 자녀와 놀아주고 돌보아주지만 청소년기가 되면 부모는 멘토이자 코치 역할을 하는 등 그들만의 기준이 있다.

우리나라는 상명하복식의 문화가 팽배하다. 취업포털 '커리어'에서 '화병을 겪은 적이 있냐'는 질문에 90%가 넘게 '있다'라고 응답했다. 한국의 직장인 중 열의 아홉이 '화병'을 앓은 경험이 있다는 것이다. '화병(hwa-byung)'은 한국식 표현으로 그대로 미국 정신의학회에 등재되었다. 그만큼 우리나라 문화에서 볼 수 있는 특별한 병이다.

화병은 만성피로와 탈모, 조울증 등으로 나타난다. 전문가들은 화병을 예방하기 위해서는 감정 표현을 잘해야 한다고 한다. 하지만 우리나라는 표현할 수 있는 분위기가 아직 형성되지 않았다. 유대인은 자신을 표현하며 권위에 복종하지 않는다. 그들은 사회에서 당당하고 거침없이 자기 생각을 표현하는 것을 미덕으로 여긴다.

창업 국가의 비밀 병기

『강원국의 어른답게 말합니다』의 저자 강원국은 책에서 자신의 경험담을 이야기해주고 있다. "내가 쉰 살이 넘어 출판사 사원으로 들어갔는데, 한참 어린 편집자들이 나를 '강원국 씨'라고 불렀다. 내게는 팀장, 부장과 같은 직함도 없었고, 그 출판사는 수평적인 문화를 만들어가기 위해 이름 부르는 것을 권장했기 때문이다. 처음에는 열 살, 스무 살이나 어린 사람들이 내 이름을 부르는 것이 상당히 불편했다. 형님이나 선배님도 아니고 강원국 씨라니. 귀에 거슬렸던 게 사실이다."라고 고백했다.

하지만 호칭이 익숙해질 무렵 30대 여성 편집자와 함께해야 할 일이 생겼다. 서로에게 '누구 씨'라고 부르며 일을 했다. 이때 거리낌 없는 소통과 의견을 내었고 그 결과 좋은 책이 만들어졌다. 그는 이러한 것들을 편집자와 대등한 관계의 호칭이 한몫했다고 말했다. 유대인은 이런 수평적인 평등한 관계에 익숙하다. 나이, 학력, 직급에 상관없이 자신의 의견을 피력한다. 유대인은 어린 자녀가 글자를 몰라도 자신의 의견을 표현할 수 있는 아이로 성장시킨다. 아이가 할아버지에게 자신의 의견을 당당히 얘기한다. 그것을 절대 버릇없는 것이 아니라고 생각한다.

그들은 자신의 의견을 솔직하게 표현한다. 그리고 그것을 토론하면서 아이디어를 발굴한다. 신입사원도 사장에게 회사 생활에 대한 의견을 낼 수도 있고 아이디어를 용기 있게 설명한다. 여러 사람이 모이면 분명 좋은 생각이 나온다. 유대인 후츠파 정신처럼 우리는 기업에서 신입사원이 상사에게 "왜 그렇게 생각하시나요?"라고 말하기란 쉽지 않다.

보수적인 사회에서 권위에 대한 도전은 있을 수 없다. 이처럼 의견을 낼 수 있는 자체가 허용되지 않으면 아무리 좋은 아이디어도 소멸한다. 누구에게나 거리낌 없이 의견을 내는 이런 정신이 세계적인 창업 국가로 이스라엘을 만든 '후츠파 정신'이다.

이런 후츠파 정신으로 기른 자녀들은 시간이 지나 자연스럽게 창업을 하게 된다. 자신이 갖고 있었던 의문과 아이디어를 통해 창업의 길로 들어선다. 이스라엘의 창업자 비율은 인구 800명 중 한 명으로 세계에서 가장 높다. 정부 주도하에 스타트업 정책이 가장 잘 이루어져 있는 생태계도 한몫한다. 전 세계 벤처 투자가 집중되는 나라이다.

나스닥에 상장된 이스라엘 기업은 점점 늘어나 현재는 유럽 대륙 전체보다 많다. 절대적 권위에 위축되지 않고 새로운 아이디어를 내며 창업 국가로 우뚝 선 그들이 전혀 이상하지 않다.

한국에서는 의견을 표현하며 튀면 안 되는 사회적 분위기가 지속해서 당연한 것으로 여겨져왔다. 여기서는 시키는 일만 하는 수동적인 사람이 된다. 이것이 계속되면 안주하게 되고 매너리즘에 빠지게 된다. 이 안에서 생동감을 찾기는 힘들다.

21세기가 주목하는 창의성은 경직된 분위기에서는 나오기 어렵다. 자녀가 "예", "네" 하며 고분고분 말 잘 듣는 아이로 자라길 바라는가? 전혀 그렇지 않을 것이다. 어떤 권위에도 눌리지 않고 자기의 생각을 조금은 뻔뻔하게 들이밀 수 있는 아이로 키우자.

▶ 아이의 말을 끝까지 들어주세요.

▶ 부모라는 이유로 아이를 억누르지 말아주세요.

▶ 부모와 함께 있을 때 물건의 가격을 묻거나 교환, 취소하는 경험을
하게 해주세요.

16

배움이 달콤한 것임을 알려줘라

BTS가 '포트나이트'에서 공연했다. 앞으로는 점점 현실과 가상 세계를 의미하는 메타버스로 넘어가고 있다. 보이는 것보다 급속히 빠른 속도로 기술 변화가 일어나고 있다. 지금까지는 예측이 가능했던 일들이 무의미할 정도로 빠르게 변화하고 있다. 3D프린터로 집을 짓는다. 무인 24시간 편의점이 등장하고 정육점에 갈 필요가 없어졌다. 숙성된 신선한 고기를 터치 하나로 만나는 자판기 정육점이 생겼다. 그뿐인가? 야채 자판기, 소주 자판기, 음식점에도 로봇서빙기가 어느덧 자리 잡게 되었다. 빠르게 바뀌는 환경 속에는 필요한 지식을 빠르게 배우고 버릴 수 있어야 한다. 지식은 생산과 파괴를 반복하며 그 속도 역시 가속화되고 있다.

유대인은 항상 배움에 대해 생각하고 실천한다. 그래야 하나님과 가까워진다고 생각한다. 교육과 배움을 가장 우선시하기에 배우지 않는다는 것을 종교적인 죄악으로까지 여긴다. 그들은 인간을 두 부류로 나눈다. '배우는 사람'과 멈추고 있는 사람 즉, '배우고 있지 않은 사람'이다. 하지만 남들이 배우는 것을 따라 배우거나 모두 뛰니까 나도 뛴다는 식의 배움은 하지 않는다. 배움을 성공의 도구와 결과로써 생각하지도 않는다. 단지 배움 자체를 즐기지만, 그것이 목표는 아니다. 그들의 인생 대부분은 배움과 연관되어 있다. 따라서 평생 해야 하는 배움이 '즐거운 것'이라는 것을 먼저 느끼게 한다.

배움은 점수제가 아니다

한국에선 "공부해"란 말은 그리 가슴 설레지 않는다. "공부해"란 말은 들었을 때 어떻게 느끼는지를 학생들에게 물었다. 학생들 대부분은 "짜증 난다."라고 답변했다. 한국은 어렸을 때부터 공부를 많이 시켜 대학에 입학시키는 것을 목표로 삼는다. 그것이 부모의 할 일이자 의무가 되어버렸다. "어쩌겠어? 시험 잘 보려면 공부해야지." "공부해서 좋은 대학 가야지."라는 것으로 배움을 확정을 짓지는 않는가? 그것은 공부와 배움을 단지 대학의 도구로만 사용되는 것으로 인식하게 한다.

이렇게 되면 점수가 중요하다. "몇 개 틀렸어?", "몇 점이야?"라는 평가의 질문은 어른들도 부담감을 느끼게 된다. 이런 공부에는 흥미가 유발되지 않는다. 우리는 시험 결과에만 초점이 맞춰져 있기 때문이다. 〈SKY 캐슬〉에 나오는 코디는 정말 존재할까? 드라마와 같은 디테일한 고액 코디는 아니지만 나도 설명회에 갔다가 몇 번 상담을 받아봤다. 실제 어느 정도 도와주는 코디는 존재한다. '도와준다'라고 표현하지만, 저가의 금액은 아니었다. 아이의 현재 성적에서 어디까지 올려서 어느 고등학교와 대학교에 갈 수 있는지 정보를 제공하고 목표를 정해준다.

한국의 부모 대부분은 대학 입시라는 경주를 빨리 완주시키고 싶다. 그 목표에 도달했을 때 비로소 무거운 짐에서 해방되고 한시름 놓기 때문이다. 많은 학생이 대학이라는 골인 지점을 향해 달린다. 하지만 마라톤처럼 꾸준히 뛰어야 하는 긴 여정을 단거리 계주처럼 전력 질주한다. 그 결과 배움은 중고등학교 때 정점을 찍고 이후에는 긴장의 끈을 놓게 된다. 그런 탓에 대학 입학과 동시에 탈진해버린다. 평생 해야 할 공부는 초, 중. 고 12년 만에 대단원의 막을 내린다.

유대인은 죽기 전까지 공부해야 한다고 가르친다. 유대인 부모는 긴 안목으로 생각한다. '배움의 즐거움'을 알려주는 공부의 기반을 먼저 다지는 것이다. 유대인은 외우고 문제를 푸는 것에 치중하지 않기 때문에 무작정 구구단을 암기하는 일은 없다. 과거부터 지금까지 가르침을 실천하기 위해 배움의 끈을 놓지 않고 평생 공부한다. 시험 잘보고 점수를 계산하며 오로지 '대학 입학'을 목적으로 공부하는 아이들과 '배움'과 함께 살아가는 아이들의 미래는 어떻게 다를까?

유대인의 배움, "배움은 꿀처럼 달다."

히브리어로 공부를 '야로요'라고 하는데 이는 '경험하다'라는 뜻이다. 그들에게 배움은 경험으로 인지된다. 경험이 중요하기에 결과보다는 과정이 우선된다. 그래서 그들은 전혀 조급해하지 않는다. 자녀가 90점, 100점을 혹은 50점을 받아도 점수에 신경 쓰지 않는다. 오직 배우는 과정에만 초점을 맞춘다. 이때의 경험을 바탕으로 나 역시도 하면 된다는 '자신감'을 가질 수 있게 된다. 배우고 성장해가는 과정에서 자신을 보면 뿌듯한 마음이 생긴다. 결국, 배움이라는 것이 '즐겁고 달콤한 꿀'과 같다는 인식이 자연스럽게 뇌리에 새겨지게 된다.

한국인을 '동양의 유대인'이라고 일컫는다. 열성적인 교육열과 뛰어난 머리, 열심히 그리고 부지런히 일한다는 것에 비유해서이다. 하지만 유대인과 한국인 사이에 놓인 격차는 크다. 유대인은 배움을 가장 중요한 것으로 여긴다. 재산보다 지혜를 얻는 것을 더욱더 가치 있다고 생각한다. 그들에게 배움은 돈이나 출세를 위한 것이 아니다. 미국 아이비리그의 유대인 비율은 무려 30%에 달한다. 그들이 명문 대학을 찾는 이유는 좋은 기업에 취업하기 위함이 아니다. 훌륭한 교수님과 학생들이 모인 곳에서 다른 데서는 받을 수 없는 양질의 교육을 경험할 수 있기 때문이다.

달걀을 품어 부화를 시키려 했던 엉뚱한 소년 에디슨은 전구를 만들기까지 2,000번의 실패를 했다. 매번 실패하는 에디슨을 보고 주위에서는 손가락질하며 놀려댔지만, 에디슨은 굴하지 않았다. 심지어 그는 "전구를 만들 때 사용하면 안 되는 2,000가지의 방법을 배웠다. 그것은 재미있는 놀이였다."라고 말했다. 그에게 배움의 달콤한 즐거움이 없었다면 2,000번의 실험이 가능했을까? 배움의 목적과 과정이 다르다. 차이는 이것이다. 한국은 "공부하지 않으면 나중에 후회한다!" 또는 "학생의 할 일은 공부야!"라고 가르치고 있다.

반면 유대인은 배우기에 앞서 강조하는 한 가지 중요한 것이 있다. 그것은 배우는 것이 '즐거운 일'이라는 첫인상을 심어주는 것이다. 자녀가 배움의 첫 만남에서 배운다는 것이 '달콤하고 즐겁다'라는 인식을 심어주기 위해 꿀을 사용한다. 학교에서는 손가락에 꿀을 바른 다음 히브리 알파벳 글자를 따라 쓰고 그 손가락을 빨아먹게 한다. 달콤한 설탕을 찍어 맛을 보면서 공부는 달고 맛있는 것이라는 관념을 심어준다. "애야, 배움은 꿀처럼 달콤하단다."

인공지능 시대에도 배움은 평생 이어진다

유대교는 배움의 종교이다. 배움의 태도가 남다르다. 한국에서 노인이 모이는 곳이 '노인정'이나 '공원'이라면 이스라엘의 경우는 '도서관'이다. 백발의 노인이 되더라도 『탈무드』를 공부하며 손주들에게 가르치는 것은 비일비재하다. 죽는 순간까지 놓지 않는 배움 중 하나가 『토라』와 『탈무드』다. 히브리어로 학자를 '람단'이라고 한다. 이는 '많이 알고 있는 사람'의 뜻이 아니라 '항상 배우는 사람'이라는 뜻이다. 그들은 끊임없는 배움을 통해 자신의 분야에서 정진해나간다. 『탈무드』에 나오는 "평생 배워도 목마르다"라는 말을 통해 그들의 배움에 대한 철학을 알 수 있다.

국가와 인류의 발전에 공헌 정도를 판별할 때 통상 노벨상 수상 경력이 기준이 된다. 전 세계 인구 75억 명 중 유대인의 비율은 0.2%에 불과

하다. 하지만 역대 노벨상 수상자 네 명 중 한 명은 유대인이다. 그 시기 또한 놀랍다. 유대인의 노벨상 수상자 중 상당수는 백발노인일 때 받은 것이다. 올해 82세인 '아다 요나스' 박사는 2009년도에 70세의 나이로 공동으로 노벨화학상을 받았다. 그녀는 2019년 한림대학교 의료원에서 의과대학 학생과 교직원을 대상으로 특별강연을 진행했었다. 슈퍼박테리아에 맞설 차세대 항생제와 단백질 공장이라 불리는 리보솜에 대한 설명이었다. 그녀는 고령임에도 불구하고 배움과 연구를 지금까지도 놓지 않고 있다.

또 누가 있을까? 디즈니 애니메이션 백설 공주의 실제 모델일 정도로 아름다운 여성이 있다. 시가 총액 1조 623억 달러인 세계적인 기업 구글이 지목한 여성이 있다. "그녀가 없었으면 구글도 없었다."라는 캐치프레이즈를 내걸기도 했다. 그녀는 미국인 유대계 배우 '헤디 라마르'이다.

우리는 그녀 덕분에 줄줄이 늘어선 긴 선들을 잘라 편리한 생활을 할 수 있다. 그녀를 통해서 무선통신 표준 기술 중 한 부분인 '와이파이'와 '블루투스'가 나왔기 때문이다. 무선통신기술 주파수 관련 특허권이 그녀에게 있다. 그녀는 영화배우로 일하면서 집으로 돌아가면 발명에 몰두했다. 그녀의 연구는 1997년 77세부터 인정받기 시작했다.

세계적인 기업 구글이 찾는 인재 역시 배우고자 하는 의욕과 배움의 태도를 갖춘 사람이다. 미래에는 과거와 같이 한 번의 배움으로 직업을 구하거나, 한 가지 직업을 평생 한다는 생각은 위험하다.

유대인 부모는 자녀에게 '공부를 중단하면 20년 배웠더라도 2년 안에 잊는다.'라며 꾸준히 배울 것을 이야기한다. 유대인에게 배움의 목적은 '대학의 이름'이나 '졸업장'이 아니다. 다만, 내가 좋아하고 원하는 일을 좀 더 '나답게' 하기 위해서다. 대학을 자신의 꿈을 이루기 위한 과정으로 여기기에 졸업한 후 본격적인 배움에 불꽃을 피운다.

과거 이집트에서 떠돌이 개보다도 천한 취급을 받았던 유대인이다. 배움의 끈은 놓지 않았기에 현재까지도 세계 각지에서 주요한 자리를 차지하고 있다.

앞으로의 배움은 생존과 더 밀접해진다. 배우려는 사람은 부끄러워해서는 안 된다. 배우기를 멈추면 고인 물이 된다. 결국, 배울 수 있는 자세와 태도가 있는 자만이 이 시대의 파도를 타며 서핑을 즐길 수 있다. 배움의 그릇을 먼저 준비하자. 그러기 위해선 자녀에게 배움이 '달콤하다'하다는 것을 함께 알려줘야 한다.

▶ 성적이 60점에서 70점 받았다면 10점 오른 것에 대해 칭찬을 해주어요.

▶ 배움은 괴로운 것이 아니라 '가슴 떨리고 즐거운 것'이라는 점을 일깨워주어요.

▶ 아는 만큼 보이고 그만큼 내가 확장된다는 것을 알려주어요.

▶ 새로운 사실을 알게 되었다면 칭찬을 해주어요.

17

독서의 엄청난 힘을 믿고 실천하라

독서의 중요성을 강조하지 않았을 때가 있었을까? 흔히 유대인은 '책의 민족'으로 불린다. 그들은 태어나면서부터 항상 책 읽는 부모의 모습을 보며 자란다. 그들에게 책을 읽는다는 것은 밥 먹는 것과 같은 당연한 일상이다. 유대인의 거리에는 책을 읽으며 신호등을 기다리는 사람들을 흔히 볼 수 있다. 유대인 가정의 거실에선 TV 대신 책장이 있다.

자투리 시간도 활용하기에 화장실에도 작은 책장이 비치되어 있다. 심지어 예시바 도서관 사서조차 총을 멘 채로 책을 읽는다. 잠시 기다리는 시간에도 책을 펼치고 아이, 노인 할 것 없이 늘 손에 책을 쥐고 있다.

유대인만큼 책을 소중히 여기는 민족은 없다. 책을 마치 보물처럼 다룬다. 사람들에게 선물로서 책을 선물하는 것을 선호한다. 그리고 감명 깊게 읽은 추천할 책들은 다시 주위 사람들에게 선물한다. 여행하면서 낯선 책을 발견하면 반드시 그 책을 사서 돌아간다. 어떤 책이라도 상대방이 빌려달라고 하면 꼭 빌려줘야 한다. 만약 빌려주지 않으면 벌금을 물게 하는 조례가 1736년에 정해졌다. 그들은 책의 힘을 알고 있다. 이는 사람이 책을 통해 깨닫고 책과 함께 성장해야 한다고 믿기 때문이다. 유대인의 묘지에는 책이 놓여 있는 모습이 어색하지 않다. 생명이 다하더라도 배움은 끝나지 않았음을 의미한다.

유네스코 조사에 의하면 유대인의 연평균 독서량은 약 64권이다. 매주 최소한 한 권 이상 읽는 것으로 알려졌다. 인구 대비 가장 많은 독서 인프라를 보유하고 있다. 이스라엘에 가장 많이 있는 서비스 업종은 커피 전문점이다. 그 이유는 커피를 좋아할 뿐만 아니라, 책을 읽을 수 있어서다. 일방적으로 보는 TV 프로나 미디어보다 독서에 대한 유용함을 잘 알고 있었다. 노벨상 수상자 피터 도허티 교수는 2005년 고려대 100주년 행사에 초청된 적이 있었다. 그는 이런 상을 받을 수 있었던 저력은 무엇

인가? 라는 질문에 "노벨상을 거머쥔 원동력은 독서에서 나왔다."라고
말했다.

　유대인 부모는 자녀에게 큰 선물을 해준다는 것은 책을 읽어주는 일이
라고 생각한다. 태교로 시작한 독서는 돌이 지나서부터 베갯머리 독서로
생활화된다. 잠자리 직전에 읽어주는 책은 독서 습관을 들이는 아주 탁
월한 방법이다. 아이는 『토라』에 나오는 거인 골리앗과 맞서 싸우는 용감
한 다윗의 이야기를 들으며 상상한다. 상상만으로 수많은 흥행작을 만들
어낸 영화감독이 있다. 바로 러시아계 유대인인 스티븐 스필버그 감독이
그 주인공이다. 그는 부모와의 베드 타임 스토리가 상상력의 원천이었다
고 말했다. 〈쥬라기 공원〉, 〈쉰들러 리스트〉, 〈E.T〉, 〈죠스〉, 〈라이언 일
병 구하기〉, 〈인디아나 존스〉 등이 바로 그가 만든 작품이다.

　유대인은 아주 철저하게 안식일을 지킨다. 불 켜는 동작조차 일이라
생각하여 허용되지 않는다. 안식일에는 모든 상점과 식당이 문을 닫지
만, 서점만은 문을 열 수 있다. 그래서 안식일에도 서점에 사람들이 발
디딜 틈 없이 꽉 차 있다. 오로지 독서만은 허용되는 것이다. 안식일 온
가족은 평온한 분위기에서 책을 읽는다. 식사 시간이 되면 가족과 함께
읽은 책을 주제로 토론하며 시간을 보낸다. 식사 시간 이후 무릎에는 책

이 놓여 있다. 늘 책과 함께 하는 분위기 속에서 아이들은 너무도 자연스럽게 독서를 하게 된다.

독서의 비밀을 알아버린 사람들

유대인 중에는 많은 독서광이 있다. 아버지의 책 읽는 모습을 흉내 내며 책을 읽은 헨리 키신저는 유대인 최초로 미국 국무장관을 지냈다. 아버지의 서재는 늘 책으로 꽉 차 있었다. 아버지와 함께 여러 분야의 책을 접하고 토론하면서 어린 시절을 보냈다고 회고했다. 세계 부호인 빌 게이츠는 하버드대학 졸업장보다 독서 습관을 강조한다. 그는 매일 1시간씩 독서 시간을 갖는다. '초밥과 독서'를 가장 좋아한다고 했던 스티브 잡스 역시 독서광이었다. 페이스북의 CEO 저커버그는 대학 시절 때 고전을 읽고 토론하는 것이 취미였다. 그는 2015년 책의 해를 선포했다. SNS의 선두주자인 그가 미디어의 사용을 줄이고 책을 읽기로 했다는 것이다.

꼭 유대인만 책을 읽고 실천한 것은 아니다. 우리나라의 사례도 있다. '배달의민족'의 기업가치는 약 7조 7000억 원에 이른다. '배달의민족' 김봉진 대표는 수도전기공업고등학교, 서울예술대학을 거쳐 국민대학원을 졸업했다. 그는 30대에 대치동에서 가구점 사업을 시작했다가 쫄딱 망한 경험을 한다. 그때 왜 실패했는지 생각했다. 그리고 '성공한 사람의 습관을 따라 해보자.'라는 생각을 했다고 한다. 그는 사람들의 공통점에는 '독서'가 있었다는 것을 깨달았다. 이것이 김봉진 대표가 책을 읽겠다고 결심하게 된 계기였다. 명문대를 나오지 못한 지적 배움을 책으로 보완하기 위해서였다.

독서는 결과로 증명한다. 현대 경영학의 창시자인 피터 드러커는 평범한 은행원으로 평생을 살았을지 모른다. 세계적인 미래학자 앨빈 토플러는 평생 공장의 노동자로 살았을지 모른다. 오프라 윈프리는 성폭행과 과거의 상처들로 불행한 나날을 보내고 지속해서 자살 충동을 느꼈을지도 모를 일이다. 만일 그들이 독서를 하지 않았다면 말이다. '해리 포터' 시리즈의 저자 조앤 롤링은 '나는 '해리포터'에 나오는 마법은 믿지 않는다. 그렇지만 좋은 책을 읽는다면 마법과 같은 일이 생길 수도 있을 것이라고 확신한다.'라고 말했다. 이들은 모두 엄청난 다독가들이다. 성공한 사람들은 뒤에는 반드시 '독서'라는 비밀이 있었다.

유대인은 아이가 평생 함께해야 하는 것이 독서임을 알고 있었다. 유대인 부모는 아이의 독서 습관을 들이는 데 열과 성을 다한다. 아이가 학교에 가서 글을 알게 되어도 꾸준히 읽어준다. 부모의 따뜻한 품에서 온도를 느끼며 정서를 교감한다. 아이는 자라서도 손에서 책을 놓지 않는다. 즉 아이는 태어나면서 눈 감는 순간까지 책과 함께 하는 삶을 살아가는 것이다. 책을 읽고 책에 관한 내용을 하브루타 한다. 김밥을 쌀 때 많은 재료가 있어야 풍부한 맛이 난다. 책은 하브루타를 하기 위한 재료인 것이다. 이것이 중요하다. 책을 읽지 않고 아는 지식이 없다면 하브루타를 지속하기는 어렵다.

독서를 하면 보이는 것들

그들은 독서의 효능을 알았을까? 독서는 다양한 지식을 익힐 수 있다. 하지만 앎에서 느끼는, 깨달음에서 느끼는 지식은 맛본 사람만 알 수 있다. 이 외에도 독서를 할 때 세로토닌과 같은 행복 호르몬이 나온다. 우울증 환자에게 걷거나 운동을 하게 하는 이유는 세로토닌 수치를 높게 하기 위함이다. OECD 통계에 따르면 한국의 우울증 유발률은 36.8%이다. OECD 국가 중 가장 높은 수치다. 책에서는 나와 같은 고민을 하는 저자가 말을 걸어준다. 여러 가지 문제를 보고 생각하며 해결하는 지혜를 얻게 된다. 실제 책을 읽으면 스트레스가 감소하고 심박 수가 낮아진다. 즉 정신적 양식인 독서가 운동과 같이 우울증 예방에도 효과가 크다.

또한, 책의 내용을 이해하면서 공감이 향상되고 뇌 과학적 면에서도 뇌의 많은 영역을 동시에 활성화한다. 뇌 운동인 것이다. 캐나다 심리학자 실비 벨빌 교수팀은 치매를 예방하는 가장 좋은 방법은 '독서와 신문 읽기'라는 연구 결과를 내놓았다. 책을 읽으면 인지능력이 발달한다. 미국 아이오와 주립대 연구팀은 지능지수도 올라간다는 발표를 했다. 독해력은 물론 창의력과 사고력에도 지대한 영향을 끼친다. 독서는 어휘력을 향상하게 한다. 보통 4세 정도의 아이들은 약 800~900단어를 인지하는 반면, 독서가 습관이 된 유대인 아이들은 1,500단어 이상의 어휘력을 갖는다. 상상력을 향상하게 하고, 몰입과 집중력을 향상하게 한다.

YTN 뉴스에 미국의 한 문화 평론가 '마이틸리 라오가'의 칼럼이 소개된 적이 있다. '한국은 책도 읽지 않으면서 노벨문학상을 원해'라는 제목이다. 내용은 이러하다. 글을 읽을 수 있는 식자율은 98%이지만 30개 선진국 중 국민 1인당 독서 시간은 가장 짧다. 학창 시절에 책 읽는 시간을 할애하기 어려운 한국의 교육 현실 또한 걸림돌이다. 소설 읽을 시간에 수학 문제를 하나 더 풀어야 한다. 그나마 책을 읽는다면 시험을 잘 보기 위함이다. 씁쓸하지만 현실이고 사실이다. 한국인은 초등학교 저학년 때 가장 많은 책을 읽는다. 성인이 되어서 책을 읽지 못하는 이유 중 하나는 '시간이 없어서'이다.

우리는 테슬라 CEO 일론 머스크보다 바쁘지 않다. 지금까지 그가 읽은 책은 이미 1만 권이 넘는다. CEO가 되어서도 매일 두 권씩 읽을 정도로 손에서 책을 놓지 않는다.

워런 버핏 또한 부호가 되기 전부터 엄청난 양의 책을 읽었다. 그의 아버지는 주식 중개인이었다. 어린 시절부터 아버지가 주로 보던 책을 읽기 시작했다. 그러면서 주식과 투자에 관한 모든 책을 섭렵했다. 세계적인 부호가 된 지금도 하루의 3분의 1은 책을 읽는 시간으로 비워둔다. 그는 말한다. "읽고, 읽고, 또 읽으세요!(Read, read, read!)"

독서의 재미를 알지 못하는 아이의 성장은 제한적이다. 우물 안 개구리는 드넓은 망망대해를 알지 못한다. 열대지방에만 사는 사람에게는 겨울의 눈을 설명할 수 없다. 세상을 넓게 보는 힘에도 독서는 필요하다.

도마 안중근 선생님은 '일일부독서 구중생형극(一日不讀書 口中生荊棘)'이라는 유명한 말을 했다. '하루라도 책을 읽지 않으면 입안에 가시가 돋는다.'라는 것이다. '우리가 무슨 민족인가?' 먹는 것이 중요해진 요즘, 우스갯소리로 '우리는 배달의 민족'이라고 한다. 하지만 앞으로는 책을 읽지 못하면 견디지 못하는 '독서의 민족'이 되길 소망한다.

▶ 책을 좋아하는 아이가 되려면

1. 책을 읽는 모습을 보면 무조건 칭찬을 해주어요.

2. 아이가 책을 고르게 해주어요.

3. 아이 혼자 읽기보다는 가위바위보를 해서 읽거나 엄마와 한쪽씩 번갈아가며 읽어요.

4. 대기해야 하는 곳에 갈 때는 얇은 책을 준비해가서 읽어요.

5. 위인전을 통해 닮고 싶은 롤 모델을 찾게 해주어요.

6. 쉬운 책부터 읽게 해주어요.

7. 수시로 서점에 들러요.

18

기본 역량 글쓰기의
중요성을 강조하라

하버드 대학교 졸업생 1,600명에게 "지금 하는 일에 있어서 과거에 어떤 과목이 가장 도움이 되었나요?"라고 물었다. 그들의 90% 이상이 "글쓰기 수업"이라고 답했다. 그런데도 글을 더 잘 쓰기 위해 노력해야 한다는 말도 덧붙였다.

토론을 중심으로 수업하는 하버드 대학교는 논리적으로 생각하는 능력을 중요하게 생각한다. 그 능력을 향상하기 위해 '글쓰기'라는 도구를 선택하였다. 그리고 150년 동안 글쓰기 교육에 매달려왔다. 그들은 왜 글쓰기에 주목하는 것일까?

창의성으로 수백억의 연봉 받는 그들의 공통점

유대인은 독서로 시작해서 글쓰기로 사고 능력 기르기를 완결한다. 이것이 창의성의 또 다른 비밀이다. '읽기와 쓰기가 창의성의 토대가 된다.'고 세계적 창의성 전문가 폴 로모 교수는 말한다. 그들은 책을 읽는 것만으로는 무언가 부족하다는 것을 알고 있었다.

글을 쓴다는 것은 사고력이 향상한다는 것이고 그것은 창의력으로 확장하게 된다. 유대인은 글쓰기를 통해 사고력을 키우고 표현하는 법을 익힌다. 이스라엘의 유치원에서는 그림책을 읽어주거나 이야기를 들려줄 때 이야기가 끝난 후에 그것을 그림으로 그려서 표현하게 한다. 어려서 글씨를 알지 못하는 어린아이들은 그림을 그리는 것이다.

유대인은 글씨를 읽고부터는 자기의 생각을 글로 써서 표현한다. 읽는다는 것은 내용을 수동적으로 받아들일 가능성이 크지만, 글을 쓴다는 것은 능동적인 행위이다. 문장을 만들기 위해서는 인지적인 노력이 필요하다. 이때 뇌 영역은 활성화된다.

이스라엘의 학교 시험은 대부분 서술형이다. 어떤 주제에 대해서 자기의 생각을 쓰거나 설명해야 하는 문제가 대다수이다. 이스라엘의 시험에는 사지선다형 객관식 문제는 찾아보기 어렵다. '다음 중 틀린 것을 고르시오'라는 암기하고 푸는 시험문제가 아니다.

포틀랜드 주립대 스테판 레터 교수는 글쓰기 능력에 따라 소득이 최대 3배 이상의 차이를 낸다고 밝혔다. 아마존 창업자 제프 베조스는 세계적인 인터넷 기업이다. 그는 "글쓰기가 사고력을 계발하는 데 전부이다."라고 하며 글쓰기를 강조했다.

회사들 대부분에서는 파워 포인트로 정리된 간결한 보고서를 받지만, 아마존은 그렇지 않다. 서술 형식의 에세이를 작성하여 보고서를 제출한다. 여기에 그래프나 도표 및 숫자는 들어가지 않는다. 1페이지에서 6페이지가 되는 분량의 서술형 문장으로 써야 한다. 그는 해마다 주주에게 보내는 편지를 직원에게 시키지 않고 직접 쓴다.

브라이언 체스키는 세계 최대의 공유 숙박업체인 에어비앤비의 창업자다. 호텔 건물 하나 없이 숙박업을 하는 창의성을 발휘하였다. 오바마와 워렌 버핏은 35조의 기업가치를 만든 비결에 대해 물어봤다. 체스키는 "경영자는 글쓰기에 능숙해야 한다. 그것이 곧 경영의 도구가 되기 때문이다.”라며 글쓰기의 중요성을 언급했다. 23세에 최연소 억만장자가 된 페이스북의 마크 저커버그는 전 재산을 99.9%를 사회에 환원한다는 계획을 세웠다. 이때 A4지 6장 분량의 편지가 전해졌다. 여기에는 기부의 의미와 중요성, 방향, 가치관 등이 내포되어 있었다. 이들은 모두 유대인 가정에서 자랐다는 공통점이 있다. 유대인은 어려서부터 글로 표현하는 것이 생활화되어 있다.

돈이 되는 글쓰기

미국의 매사추세츠 공대(MIT)는 글쓰기 센터를 세웠다. 졸업생들의 강력한 건의가 있었기 때문이다. 하지만 그들은 우리가 흔히 말하는 이과생들이다. 공대생들은 글을 안 써도 된다는 인식이 있다. 대부분 기술, 산업, 과학계로 나아가는 그들이 무슨 이유로 그것을 건의했을까? 졸업생들은 졸업하고 막상 사회에 입문하여 일해보니 깨닫게 되는 것이 있었다. 그것은 글쓰기가 업무에 차지하는 부분이 많다는 것이다. 그러니 후배들은 대학을 졸업하기 전에 글쓰기 능력을 키워 사회로 나오라는 선배들의 깊은 뜻이 담겨 있다.

하버드대학의 글쓰기 수업은 150년의 세월을 이어온 전통을 자랑하지만 그만큼 혹독하기로도 유명하다. 그들은 대학 생활을 하는 동안 종이 무게로 50kg의 분량이 되는 에세이를 쓴다. 프랑스 영국을 비롯하여 유럽의 대학들에서도 글쓰기를 필수 과목으로 지정하고 있다. 글쓰기 능력이 논문과 평가를 비롯해 사회 구성원으로 살아가는 데 꼭 필요하다는 것이다. 미국의 기업들이 인재를 뽑는 우선순위에도 글쓰기 능력이 들어간다. 글을 잘 쓴다는 것은 일자리를 얻는 데 필수 조건이다.

독서로 글쓰기 능력을 키웠을 때 어떻게 되는지 조사를 했다. 우선 고액 연봉의 직업을 갖게 되는 기회가 주어진다. 미국 대학 입시 위원에서는 미국에서 글쓰기를 잘하는 것이 직업을 얻는 데 필수적인 조건이다. 더불어 고액 연봉을 가르는 기준이 된다는 것이다.

미국 전체 일자리로 봤을 때 3분의 2가 글쓰기 능력이다. 직장에서 보고서를 작성하고 기획하는 일은 모두 글로써 평가를 받게 된다. 특히 고임금 직종이나 서비스, 금융, 보험은 물론 부동산까지 80%가 글쓰기 능력과 직결된다고 한다.

강남 엄마의 필수 앱이라고 불리는 '마켓컬리'는 오프라인 매장은 없고 온라인으로만 상품을 구매해야 한다. 최근 코로나로 재고가 바닥날 정도로 주문이 폭주했다. 홈페이지에 들어가면 상품에 붙은 설명에는 '바싹한 첫입에 도톰하게 씹히는 새우', '후루룩 넘어가는 중화면을 넉넉히 담고'라는 설명이 있다. 제품 설명을 읽는 순간 바싹한 새우와 후루룩 중화면을 상상하게 된다. 그리고 바로 구매를 하고 싶은 충동이 일어날 만큼 생동감 있게 표현되어 있다. 여기에 놀라운 사실이 있다. 직원 200여 명 중 글 쓰는 전문 작가가 20명이라는 것이다. 모든 제품에 상세한 설명으로 스토리를 담아 마케팅을 하고 있다.

유대인의 글쓰기

유대인은 발을 디딜 자신의 나라가 없었다. 그래서 건물을 지을 필요도 없었다. 하지만 유대인을 지혜로 안내하는 『탈무드』를 쓰는 것은 멈추지 않았다. 『탈무드』는 후손에게 전달되었고 그 무엇보다 유대인을 더욱 유대인답게 하였다. 그들은 수천 년 전부터 지금까지 글을 읽고 쓰는 것을 멈추지 않고 있다. 글을 쓴다는 것은 지혜와 지식을 한곳으로 집결하는 것이다. 글쓰기는 몰입과 창의적인 것을 필요로 한다. 그래서 그들은 어떤 것보다 글을 써야 한다는 생각을 견지하였다.

유대인은 아홉 명당 한 명이 작가일 정도로 그들에게 글쓰기는 평범한 일상이자 문화다. 작가도 많이 배출했는가 하면 열두 명의 노벨문학상 수상자도 배출하였다. 미국 최고의 작가이자 평론가 노먼 메일러는 유대인이다. 『아메리카의 꿈』, 『하얀 흑인』, 『남자의 진실』 등 일생에 걸쳐 12편의 소설을 남기며 다양한 활동을 했다. 사회심리학의 개척자 에리히 프롬은 『자유로부터의 도피』, 『사랑의 기술』, 『소유냐 존재냐』 등 많은 역작을 남겼다. 『소유의 종말』의 제러미 리프킨, 『사피엔스』의 유발 하라리, 『12가지의 인생의 법칙』, 『질서 너머』의 조던 피터슨, 『세일즈맨의 죽음』의 아서 밀러, 『닥터 지바고』의 파스테르나크 등이 유대인 작가들이다.

그들은 어려서부터 토론과 글쓰기 훈련을 한다. 이스라엘 학교의 과제는 리포트 방식이다. 하나의 주제를 정해주면 우선 그에 맞는 자료를 수집해야 한다. 자료를 정리하고 주제에 맞는 논리를 주관적으로 적어 내려가는 형식이다. 논리적인 사고 체계와 토론의 훈련을 통해 각종 보고서와 논술 등도 힘들지 않게 소화한다. 유대 부모는 자녀의 교육에 항상 글쓰기를 병행한다. 조던 피터슨은 한 강연에서 "이렇게 중요한 글쓰기를 왜 대학에서 가르치지 않느냐?"라고 안타깝게 말하였다.

2017년 서울대 자연과학대학 신입생 253명을 상대로 글쓰기 능력 평가를 시행하였다. 그 결과 전체 응시자 중 38.7%가 70점 미만의 점수를 받았다. 논제를 파악하는 능력이 부족했고, 문법이 맞지 않는 문장들이 많았다. 암기 위주의 정해진 정답을 외워야 하는 주입식 교육의 폐해를 적나라하게 보여주고 있다. 글쓰기는 사고력을 키워주는 강력한 수단이지만 지금의 수업 방식은 사고력을 틀어막고 있는 것과 같다. 얼마나 많이 외웠느냐보다 얼마나 창의적인지, 또 그것을 '얼마나 논리적으로 표현할 수 있는가'가 미래의 핵심 역량이다.

글쓰기는 인문계, 자연계 상관없이 우리 아이들이 살아가면서 꼭 필요한 기본적인 역량이다. 아이가 책을 읽고 그 안의 메시지나 교훈을 보물찾기 놀이를 하듯이 찾는 것도 좋은 방법이다. 아이가 원하는 주제를 형식에 구애받지 않고 자유롭게 쓰게 하자. 혹시 띄어쓰기나 맞춤법을 잘못 썼을 수도 있다. 이때 색연필로 일일이 정정하거나 표시를 한다면 아이들은 오히려 그 공책을 펼치고 싶지 않게 된다. 첨삭 과정을 거치더라도 아이는 한 번에 맞춤법을 고치지 못한다. 글 쓰는 습관을 들일 때까지 당분간은 일일이 지적하거나 가르치지 않아도 된다.

여기서 가장 필요한 것은 지적이 아니라 머리를 쓰다듬어주고 잘 쓰고 있다고 칭찬해주는 것이다. 자기가 쓴 글을 공감해주는 부모가 있다는 것만으로 아이는 글쓰기에 흥미를 갖게 될 것이다.

▶ 글쓰기가 서툰 아이에게

1. 오늘 하루 자녀가 본 것과 생각한 것을 자유롭게 쓰게 해주세요.

2. 짧은 문구나 짧은 책을 필사하게 해주세요.

3. 만약 쓸 것이 없다고 말하는 아이에게는 부모가 먼저 주제를 제시해주세요.

Chapter 3.

가치 있는
풍요로움,
부의 비밀

19

부의 가치와 돈에 대한
태도를 알려줘라

언제나 그랬듯이 전 세계는 미국의 연방 준비위원회(FRB)의 테이퍼링과 금리 인상 소식을 주시하고 있다. 미국의 금리 인상이 각 나라의 경제와 밀접한 관련이 있기 때문이다. 이 소식을 전했던 앨런 그린스펀부터 벤 버냉키, 자넷 옐런까지 FRB 의장은 모두 유대인이다. 미국의 유명한 금융사인 JP 모건을 비롯해 돈과 관련된 금융회사인 골드만 삭스, 모건 스탠리, BOA, 메릴린치 또한 모두 유대인 가문이 창업자 또는 실소유주이다. 이외에도 미국 최상위 부자 중 40%가 유대인이다. 유대인이 있는 곳에 언제나 돈과 경제적 번영이 뒤따랐다. 부의 상징이 된 유대인의 비밀을 경제교육에서 찾았다.

애들아, 살면서 돈은 중요한 거란다

가게를 운영하던 한 유대인이 임종을 앞두고 있었다. 슬픔에 잠긴 가족들은 조용히 지켜보고 있었다. 숙연한 분위기 가운데 그는 한 명씩 이름을 불렀습니다.

"여보, 당신 거기에 있소?"
"네, 저 여기 있어요."
"딸아, 어디 있느냐?"
"아빠, 저 여기 있어요."

그리고 유대인 가게 주인이 남긴 이 마지막 말은 유언이 되었다.
"그럼 가게는 누가 보고 있단 말이냐?"

유대인이 돈을 얼마나 중요하게 여기는지를 풍자한 이야기다. 다른 한편으로는 유대인의 철저한 경제 관념을 보여주고 있다.

유대인은 돈을 중요하게 생각한다. 그래서인지 『탈무드』에는 특별히 돈에 대한 격언들의 비중이 높다. 『탈무드』에서 '가난은 죄악'이라 가르친다. 또한 "사람의 신체에서 모든 장기 기관은 심장에 의지하고 있지만, 그 중요한 심장의 건강은 지갑에 의지하고 있다.", "돈은 무자비한 주인이지만, 동시에 돈만큼 훌륭한 하인도 없다.", "급여가 적을 때야말로 저축하는 습관을 길러야 한다. 그렇지 않으면 수입이 늘어도 저축하기 어렵다."라고 말한다. 이처럼 유대인 자녀는 항상 부모와 함께 『탈무드』를 공부하며 돈에 관한 이야기를 나눈다.

미국 경제잡지 〈포브스〉의 말콤 포브스는 자신이 창간한 기업을 아들에게 인계했다. 그 과정에서 한 말이 널리 회자되고 있다. "아들아, 인생의 100가지 문제 중에 99가지 문제의 답은 바로 돈에 있단다." 유대인은 자녀에게 늘 돈에 대해서 가르친다. '돈은 쉬지 않고 벌어야 하며 돈을 일하게 해야 한다.' 등이다. 그들에게 경제교육과 금융교육은 필수이다. 어찌 보면 자본주의라고 일컫는 시대에 살면서 자본이 어떻게 돌아가는지에 대해 알려주는 것은 당연하다.

앨런 그린스펀은 미국의 '경제 대통령' 역할을 했다. 그는 미국의 연방준비위원회(FRB)의 의장직을 다섯 번이나 연임했기 때문이다. 미국 통화 정책에 있어 세계가 주목하는 핵심적인 인물이다. 그는 다섯 살 때부터 그의 아버지에게 급여와 생활비, 자산과 부채, 저축 등의 교육을 받았다. 훗날 그는 아버지로부터 배운 것들이 토대가 되었다고 말하며 "초등학교 때부터 경제, 금융과 관련된 교육이 이뤄져야 한다. 그래야만 쏟아져 나오는 새로운 상품과 더욱 복잡해져가는 금융을 이해할 수 있다"라고 지적했다. 자녀들이 살아가면서 돈에 대한 교육이 필요하다는 것을 강하게 피력한 것이다.

조기교육, 경제교육부터 먼저

미국의 버락 오바마 대통령은 한국을 직접 언급하며 교육에 대해 극찬한 바 있다. 사실이다. 한국은 열정적인 교육을 자랑한다. 한국의 아이들은 하교 후 바로 학원에 간다. 대치동, 중계동, 목동의 학원가에는 학원버스가 꼬리에 꼬리를 물고 서 있다. 하지만 우리나라 부모님들이 간과하고 있는 것이 있다. 그건 바로 경제교육이다. 한국의 부모들은 자녀의 내신 성적과 입시, 그리고 오직 대학 입학에만 관심이 있을 뿐이다. 좋은 대학에 가야지만 좋은 직장을 얻고 그래야만 '월급을 안정되게 많이 받을 수 있다'라고만 강조한다. 자녀는 경제교육을 한 번도 받아보지 못한 채 성인으로 자라 사회생활을 하게 된다.

유대인은 조기교육을 영어나 수학 등 학문적인 것에 힘쓰지 않는다.

다만 돈의 중요성과 개념을 깨닫도록 자연스럽게 실생활에서 조기교육을 한다. 이러한 경제 조기교육은 심지어 생후 8개월이 지나 걷기도 전에 시작된다. 아이에게 동전을 쥐여 주고 아침과 저녁 식사 시간에 저금통에 넣게 한다. 동전과 지폐를 구분하게 하고 '수'의 개념을 잡을 수 있게 물건을 사고파는 이치에 관한 것들을 설명해준다. 그리고 조금씩 돈에 대한 개념이 생기는 5세 무렵부터는 용돈을 준다. 이때부터 아이는 조금씩 좋아하는 물건이 있다. 하지만 그 물건을 가지고 싶을 때 돈을 지불하고 살 수 있는 것을 깨우치게 된다.

30대 젊은 CEO 중에 기부한 액수가 100억 원이 넘는 사람이 있다. 사람들은 그를 기부 천사라고 부른다. 그는 『믿음 주는 부모 자존감 높은 아이』의 저자이자 (주)디쉐어의 현승원 의장이다. 그는 두 가지를 강조하고 있다. 첫 번째는 경제교육이다. 그는 "아이의 성공을 바란다면 공부도 중요하지만, 돈에 대해 가르쳐야 합니다. 제가 이른 나이에 성공할 수 있었던 것도 부모님께서 확실하게 가르쳐주신 경제 관념 덕입니다."라고 말했다. 그는 영어 교육 사업을 하고 있지만, 경제교육을 강조하고 있는 것이다.

그의 부모님은 자녀의 돈을 모두 모아주셨다. 그의 돌 때 받은 봉투와

금반지 선물, 그리고 친척들에게 받은 세뱃돈을 한 푼도 안 쓰고 차곡차곡 모은 것이다. 그리고 그가 다섯 살 때 지금까지 입금해두었던 50만 원이 든 통장을 보여주었다. 어린 나이에 그는 50만 원을 보며 자신이 부자라고 느끼게 되었다. 동시에 이 돈을 모두 모아주신 부모님에 대한 신뢰가 생겼다. 친인척들에게 받은 자녀의 돈을 가사에 보태지 않고 차곡차곡 모아 놓았다. 두 번째는 용돈 기입장을 쓰는 것이다. 그는 초등학교 들어갈 무렵에 용돈을 주어 스스로 경제생활을 체험하게 하는 것을 강조했다. 용돈 기입장을 쓰게 하면 그 안에서 스스로 계획을 세우고 지출하게 된다.

돈에 대한 가치와 태도

어느 지방 초등학교에서 서울로 전임해 온 선생님이 첫 수업에서 겪은 일이다. 한 학생이 느닷없이 손을 번쩍 들고 이렇게 말했다.
"선생님, 다음 시간에 운동장에서 체육 하고 싶어요."

선생님은 시간표를 다시 확인하였다. 거기에는 체육이 아닌 수학 시간으로 되어 있었다. 선생님이 곤란한 표정으로 머뭇거리고 있을 때 다른 학생이 말했다.

"선생님, 저도 체육 하고 싶어요. 제가 1,000원 드릴게요."

순간 선생님은 어처구니가 없어 말이 나오지 않았다. 학생의 말이 끝나자마자 다른 학생이 말을 받아쳤다. "야, 1,000원이 뭐냐? 2,000원은 드려야지."

물건 경매하듯이 가격이 솟구치며 천정부지로 올라 만 원까지 올라갔다. 순간 귀엽고 당황함에 웃을 수 있었지만 여기서 많은 것을 깨달을 수 있다. 바로 돈에 대한 잘못된 가치관과 태도이다. 돈이면 다 된다는 태도가 가격을 만 원까지 올라가게 했다. 최근 아이들이 보는 유튜브 방송에서 고가의 자동차를 타고 고가의 시계, 최신형 핸드폰을 구매해 착용하는 후기를 보여준다. 아이들은 그런 장면들을 보면서 돈에 대한 가치와 태도를 어떻게 받아들일까?

유대인은 돈을 하나의 인격체로 여긴다. 그러면 감정에 따라 소비하지 않게 된다. 그리고 돈은 쓰는 사람의 됨됨이에 따라 달라진다는 것을 알려주는 것도 잊지 않는다. 유대인은 돈의 가치와 태도를 먼저 알려주되 유대인은 돈을 숭배하지 않는다. 돈에 휘둘리거나 끌려다니지 않는다는 뜻이다. 하루가 다르게 급격히 변하는 시대 속에서 부모의 고민도 깊어진다. 돈을 알아야 하는 자본주의 시대를 살고 있기 때문이다. 자칫하면 돈이라면 '모든 것을 할 수 있다'라는 착각에 빠질 수 있다. 그래서 자녀에게 '지혜로운 사람은 돈에 끌려다니는 사람이 아닌 돈을 다스리는 사람이다.'라며 더더욱 돈에 대해 바른 마음가짐을 갖도록 가르친다.

유대인은 배우는 데 그치지 않는다. 배운 것은 실천하고 행동한다. 그것은 돈 교육도 마찬가지다. 그들은 돈은 중요하되, 돈이 가장 중요하다.'라는 오류에 빠지지 않도록 가르치고 있다. 그들은 자녀에게 '인생의 목적이 돈 버는 것이 아니다'라고 교육한다. 유대인은 오로지 돈은 인생에 있어서 수단으로 사용할 뿐이다. 현명한 소비를 하고 사회 정의를 위해, 더 나은 세상을 위해 기꺼이 돈을 내놓는다. 부모의 이러한 교육은 가치 있게 돈을 사용하는 태도로 이어진다. 유대인 부모는 먼저 돈에 대한 가치와 태도를 바르게 지니도록 가르친다.

아무리 부유한 집에서 태어났다고 하더라도 돈에 대한 관리 교육과 어떻게 경험했는가에 따라 자녀의 미래가 달라진다. 유대인 자녀들은 부모에게 돈과 경제에 관한 이론적인 것만 배우지 않는다. 구체적이고 실질적인 것에 초점을 맞춘다. 그래서 학교에 입학할 나이만 되어도 돈에 대한 가치관과 태도가 형성되는 것이 일반적이다. 그뿐만 아니라 용돈 관리를 통해 어떻게 돈을 써야 하는지 합리적인 소비패턴까지도 익히게 된다. 이것은 모두 어렸을 때부터 조기 경제교육을 한 덕택이다. 그 결과 그들은 돈은 없어서는 안 될 것이며 돈에 대한 올바른 태도가 어떤 것인지 어린 시절부터 깨닫게 된다.

♥ 유대인 자녀교육, 이렇게 해봐요!

▶ 부모가 먼저 돈 공부를 즐겨요. 부모가 모르고는 가르치기 어렵습니다. 아이와 함께 돈 공부를 시작해요.

▶ 경제에 관한 서적이나 신문을 함께 읽어요.

▶ 생일이나 명절마다 모은 돈은 반드시 금융상품에 가입하게 해 복리 등 경제 관념을 알게 해주어요.

20

생활 속에서 자연스럽게
경제교육을 시켜라

돈 문제는 현실이다. 각종 미디어와 대중매체 할 것 없이 돈 이야기를 하는 지금의 자본주의 사회에서는 더욱 그러하다. 괴테는 "지갑이 가벼우면 마음이 무겁다"라고 했다. 사실이다. 99%의 사람들은 지갑을 무겁게 만들기 위해 '어떻게 해야 돈을 많이 벌까?'라는 생각을 한다.

만약 언어를 잘 못 하는 사람이 그 나라에 가서 살게 되면 그 나라의 언어로 의사소통을 하며 생활을 하게 된다. 유대인은 외국어에 대한 환경뿐만 아니라 경제교육에 관련해서도 생활 속 환경이 될 수 있도록 만들었다.

유대인의 특별한 인식

우리는 아이들을 재울 때 조심스럽게 두 팔로 안고 토닥이며 하는 말이 있다. "자장, 자장. 우리 아가 잘도 잔다." 그런데 유대인의 자장가는 좀 다르다. 유대인 부모는 어린아이를 안고 "싸게 사서 비싸게 팔아라(Buy low, Sell high)"라고 습관적으로 흥얼흥얼한다고 한다.

어렸을 때부터 어떤 물건이든 저렴하게 사야 한다는 인식을 심어주는 것이다. 신기하게도 이런 말을 듣고 자란 아이는 뭐든 저렴하게 사야 한다고 생각한다. 실제 유대인은 10원을 에누리하기 위해 상대방과 줄다리기를 한다.

히브리어로 돈이란 '피'라는 뜻을 내포한다. 피가 멈춰 있거나 순환하지 않으면 생명이 유지되지 않는다. 유대인은 사람 몸에 피가 돌 듯 돈도 돌아야 한다고 생각한다. 그래서 생활 속에서 돈에 대해 가르치고 경제에 대해 교육을 한다. 우선 돈을 번다. 그리고 번 돈을 지켜야 한다. 로또가 당첨된 사람들이 어떻게 살고 있는지는 뉴스에 많이 보도되어 익히 알고 있는 사실이다. 그들 대부분은 돈을 지키지 못했다. 투자했건 소비를 했건 얼마 가지 않아 곧 파산에 이르렀다.

투자의 귀재 워런 버핏 역시 투자의 제1원칙은 절대로 돈을 잃지 말라고 한다. 또한, 투자의 제2원칙은 돈을 잃지 말라는 제1원칙을 절대로 잊지 않는 일임을 당부한다. 여기서 돈을 지켰다면 지킨 돈을 그냥 두지 말고 다시 불리라고 알려준다.

대부분 직장인이나 사람들은 평소에 뭘 먹을지를 생각한다. 하지만 유대인은 좀 다른 생각을 한다. 그들은 평소에도 어떻게 재테크를 할까? 저 사업은 어떻게 연결하면 좋을까? 어떻게 이 사업을 확장할까? 등의 생각을 한다.

부모가 돈에 대해 끊임없이 묻고 대답한다. 돈을 벌 수 있는 생각의 불을 지핀다. '돈을 번다. 지킨다. 불린다.' 이 3가지 과정이 함께 돌아가는 것이 하나의 프로세스인 것이다. 이것은 한 과정에만 집중하면 안 된다. 결국, 유대인은 나무를 보지 않고 숲을 본다. 자산관리도 미래를 생각하며 자손들에게까지 부가 세습되기를 원한다.

유대인에게 자산관리는 미래를 위한 준비와도 같은 것이다. 미래는 일회성 이벤트처럼 단기에 끝나지 않는다. 그래서 종신보험이나 연금보험과 같은 상품처럼 자녀까지 대를 이어가는 것을 선호한다.

아들이 곧 의사가 되는 한 유대인 어머니가 있었다. 이 여성은 자기의 아들이 이비인후과 전공의가 된다고 말했다. 시간이 흘렀다. 한 모임에서 사람들이 그녀에게 아들의 안부를 물었다. 그러자 그녀는 대답했다.

"네, 아주 잘 지내고 있어요. 치과 의사가 되었답니다. 특이하게 치아를 보고 환자를 기억한다고 하더라고요"

그러자 모임에 사람들이 말했다.

"아, 그렇군요. 그런데 아드님이 이비인후과 전공을 한다고 들었던 것 같은데요?"
"네, 맞아요. 그런데 어느 날 아들이 골똘히 생각한 날이 있었어요. 그리고 귀는 2개뿐이지만, 치아는 32개나 된다는 것을 알게 되었답니다."

그 아들은 왜 치과의사를 선택했을까?

유대인 부모는 대략 서너 살 때부터 경제 교육을 시작한다. 먼저 지폐와 동전을 구분하게 한다. 숫자를 더하고 빼는 연산이 개념이 자리잡힐 때쯤 물건을 팔고 사는 것에 관해 설명해준다. 아이도 갖고 싶은 물건을 돈으로 살 수 있다는 것을 인지하게 된다. 간혹 사고 싶은 것이 많거나 돈이 많아도 소위 말하는 '몰빵'을 하지 않는다. 유대인 부모에게 분배하는 것을 배웠기 때문이다. 유대인 아이들의 통장은 입금 통장만 있지 않다. 적금통장, 보험증서, 증권통장 등으로 안전하게 배분해놓는다.

유대인에게는 아저씨나 아줌마라는 말이 없다. 34세, 40세 등 구체적인 숫자로 호칭을 표현한다. 숫자가 경제교육을 하는 데 있어서 밀접한 관계가 있음을 알고 있다. 이것은 시간에도 해당한다. 그들은 약속 시각을 말할 때 6시쯤이나 9시 정도라는 식은 있을 수 없다. 저녁 6시부터 6시 30분까지라고 명확하게 시간을 말한다.

날씨나 강수량을 이야기할 때도 막연하게 '오늘 비 온다고 하니까 우산 갖고 가'라고 말하지 않는다. '오늘 비가 150mm 내릴 예정이니 우산을 준비해'라고 말한다. 일상생활에서 숫자를 사용하여 수치에 밝고 정확한 습관을 갖게 한다.

유대인은 숫자에 강할 뿐 아니라 숫자에 의미를 부여한다. 유대인이 가장 좋아하는 숫자는 7이다. 그들에게 7은 완전한 숫자이다. 하나님이 인간을 창조하고 7일째에는 쉬셨기 때문이다. 1은 절대로 나눌 수 없는 창조의 근원이라고 믿는다. 2는 분할이라는 의미가 있다. 3은 신성함을 이야기한다. 숫자 4는 땅을 의미한다. 유대인은 숫자에 익숙하다. 암산 능력도 탁월하다. 긴 숫자 계산 문제를 계산기가 없이 술술 암산으로 답을 낸다. 이렇게 숫자 감각이 능숙한 것은 실생활 속에서 쉽게 숫자를 접하고 활용하기 때문이다.

왜 경제교육 안 시키세요?

메리츠자산운용의 존리 대표는 청와대 국민청원 게시판에 한 청원을 올렸다. 초·중·고 정규 교육과정에 금융교육을 의무화해달라는 내용이었다. 일주일에 1시간씩 금융교육을 정규 교육 과정으로 해야 한다는 주장이다.

『탈무드』에 '가난은 죄악'이라 가르친다. 『탈무드』에는 '세상의 모든 고통과 아픔을 가난과 비교한다면 가난이 훨씬 고통스럽다.'라는 말이 있다. 여기서 유대인은 절약하고 베풀되 하나님은 우리가 절대 가난하게 사는 것을 바라지 않으신다고 이해하고 그렇게 믿고 있다.

현재 한국인의 금융 문맹 수준은 심각하다. 금융감독원에서 '2018년 전 국민 금융 이해력 조사'를 실시했다. 성인 금융 이해력은 62.2라는 결과가 나왔다. OECD 평균은 64.9점인 것과 비교해 낮았다.

특히 20대의 금융 이해력과 행태 점수는 평균 이하였다. 또한, 지금의 청년층은 저축보다 소비를 선호한다는 보도 자료도 함께 내보냈다. 여기서 주목할 점은, 소득이 높을수록 금융 이해를 비롯한 금융 지식 점수가 높았다는 것이다. 만약 기초적인 금융 지식부터 하나씩 쌓이게 된다면 어떻게 될까? 아이는 전략적인 저축과 투자 결정은 물론 내용을 몰라서 손해를 보는 일도 피할 수 있게 될 것이다.

금융이나 경제 문맹으로 자란 아이들의 현실은 어떠할까? 최근 청년들이 전세 사기를 당했다는 뉴스를 많이 접한다. 우리는 대부분 성인이 되어 자취하거나 결혼을 할 때 처음 부동산 계약서와 마주하게 된다. 왜냐하면, 우리가 성장할 때까지 부모님들이 모든 일 처리를 해왔기 때문이다.

유대인 부모는 이사하게 되거나 집 계약 시에 어떻게 할까? 그들은 부모가 앞장서고 뒤에는 자녀들을 줄줄이 대동시킨다. 그리고 부모가 일

처리 하는 과정을 현장에서 경험시켜준다. 하나의 절차를 거칠 때마다 차분히 설명을 해주고 계약 제반에 관한 사항을 직접 목격하도록 한다.

『유대인 엄마의 힘』의 저자 '사라 이마스'는 그녀의 책에서 유대인의 나이별 경제교육과 관념을 소개하였다. 3세에 돈의 가치 및 지폐와 동전의 차이를 안다. 5세에는 돈은 일한 대가로 받는 것임을 인식하고 돈으로 물건을 사고파는 방법을 배운다. 7세에는 가격표를 볼 줄 알아 자신이 가진 돈으로 해당 물건을 살 수 있는지 판단한다. 8세에는 은행에서 계좌를 개설할 줄 알고 스스로 용돈을 벌 방법을 생각한다. 13세 이후에는 어른과 마찬가지로 경제활동과 재테크에 참여한다. 이렇듯 유대인 자녀들은 성인 전부터 돈에 대한 경제교육을 받는다.

유대인의 자녀들은 항상 인식하고 있다. 저렴하게 물건을 사고 자산을 한 바구니에 담지 않는다. 나라가 없었던 그들에게 돈이란 자신과 보호할 수 있는 유일한 무기였다. 처음부터 금융 지식을 알고 재테크를 잘하는 사람은 없다. 유대인 부모는 생활 속에서 숫자 감각을 키우고 실질적인 경제교육을 통해 경제를 보는 안목을 넓혔다. 인생을 살아가는 데 경제교육이야말로 꼭 필요하고, 이를 바탕으로 삶의 안정을 유지할 수 있다. 더불어 경제적 안정을 얻고 가슴 뛰는 일을 마음껏 할 수 있는 토대가 된다

▶ "10분 후에 나갈 거야.", "10분 후에 불 끌 거야." 등 숫자를 인지하게 해주세요.

▶ 쉬운 경제, 금융 책을 조금씩 읽게 해주세요.

▶ 날씨가 더워지면, 비가 많이 오면 어떤 주식을 관심 있게 봐야 하는지 함께 이야기 나누어주세요.

21

땀 흘리는 노동의
가치를 가르쳐라

유대인 부모는 자녀에게 용돈을 쉽게 주지 않기로 유명하다. 어려서부터 아이에게 집안일을 분담시킨다. 각자에게 정해준 집안일 외에 다른 일을 하며 용돈을 벌어 쓴다. 다만 집안일을 돕는 것은 당연한 일임을 인지시켜준다. 이것은 가족의 일원으로서 해야 하는 일이기 때문이다.

유대인은 자녀들이 아르바이트하는 일도 아주 자연스럽다. 이것은 노동의 신성함과 땀을 흘리지 않고는 얻을 수 없음을 깨우치기 위함이다. 또한, 유대인 아버지는 노동의 가치를 알려준다. 아울러 자녀가 홀로 설 수 있도록 직업교육을 하는 것을 의무로 여기는 것이다.

어릴 때부터 집안일 가사에 참여시키는 이유

유대인 부모는 자녀가 어릴 때부터 각자의 나이에 맞게 집안일을 분담한다. 식사 준비, 방 청소, 쓰레기통 비우기 등 가족 구성원으로서 집안일을 함께 해나간다.

5~6세가 되면서부터 부모님의 일을 돕는다. 초등학교 때부터는 자신이 자고 일어난 침대 정리를 하는 건 기본이다. 유대인의 어린 자녀에게는 비록 간단한 노동이지만 책임감이 생긴다. 자신이 가족에게 도움이 된다는 사실에 뿌듯해한다. 또한, 자신도 도움을 줄 수 있는 가족의 필요한 존재라는 인식을 하게 된다. 이렇게 형성된 마음은 자녀가 성장하면서 겪게 되는 역경을 뚫고 나갈 자양분이 된다.

한국의 부모들은 자녀교육에 열정적이다. 입시 성적이 좋은 학원, 잘 가르친다는 과외 선생님의 정보를 얻으려고 여기저기 수소문한다. 다만 부족한 부분이 있다면 집안일 교육이다. 공부할 시간에 집안일을 한다는 것은 언감생심이다. 결혼하면 다 할 일이니, 그때 가서 일해도 충분하다고 생각한다. 또한, 우리나라는 유교 사상의 영향을 많이 받아왔다. 과거부터 "남성은 부엌에 들어가면 안 된다."라는 말이 있다. 이처럼 우리의 부모님만 보더라도 남자들은 절대 부엌 근처에 얼씬도 하지 못하게 하였다. 하지만 가사에 참여시켜 집안일을 하게 한다는 것은 생계유지 능력을 가르치는 것이다.

지난 tvN 예능 프로그램에서 '자우림' 김윤아의 경제교육방식이 전파를 탔다. 그녀는 아들인 16세 민재 군에게 간식비와 교통비 외에 용돈을 따로 주지 않는다. 집안일을 하면 이에 따른 보상으로 용돈을 지급하는 식이다. 예를 들어 식기세척기를 돌리면 2,000원, 설거지를 하면 3,000원, 강아지를 산책시키면 2,000원을 준다. 숙련된 어려운 일이 아닌 민재 군이 할 수 있는 일에만 가격을 매겨놓은 것이다. 이렇게 되면 아이는 엄마가 밥만 차려주길 기다리며 식탁에 앉아 있게 되지 않는다. 다 먹은 밥그릇과 수저를 그냥 두고 방으로 들어가지 않게 된다. 자연스럽게 밥을 차릴 때도, 식사를 마치고 정리할 때도 함께 참여시킬 수 있다.

공부나 학업에 떠밀려 집안일에 동참하지 않는다면 집안일은 가치 없는 일로 여기게 된다. 이스라엘 잡지 〈가정교육〉에 따르면 집안일을 돕지 않고 성장한 아이는 집안일에 동참한 아이에 비해 수입이 20%나 낮았다. 이뿐만 아니라 실업률은 5배, 범죄율은 10배가 높은 것으로 조사됐다.

하버드대학원 리차드 와이스버드 교수에 의하면 집안일을 한 아이는 대인관계와 공감하는 능력이 뛰어나다고 했다. 그 아이들은 다른 사람이 무엇이 필요로 하는지 살피며 돕는다는 것이다. 이 외에도 집안일에 대한 이점은 남녀평등 의식, 자존감, 학습 능력 등이 있다.

돈을 쓰고 싶다면 스스로 벌어라

하버드 의대 조지 베일런트 교수는 행복에 관한 흥미로운 연구를 했다. 35년간 11세에서 16세의 456명을 추적 조사한 장기간의 연구였다. 연구에 의하면 성인이 됐을 때 성공적인 삶을 누리는 이들에게는 공통점이 있었다. 그것은 바로 어린 시절 경험한 많은 일 중 '노동'을 했다는 사실이었다.

우연의 일치인지 우리나라에서는 故신격호 롯데 회장과 故정주영 현대 회장이 신문 배달부 출신이다. 세계의 억만장자들은 중에서는 워런 버핏을 비롯한 스티브 잡스, 마이클 델 샘 월턴 등 어린 시절 모두 신문 배달 일을 한 경험이 있다. 아마존닷컴 창립자 제프 베조스의 첫 일자리는 맥도날드 그릴 담당이었고 오프라 윈프리는 슈퍼마켓 진열대 정리 일을 하였다.

유대인 부모는 자녀에게 "일하지 않는 자는 먹지도 마라! 돈을 쓰고 싶다면 스스로 벌어라."라고 입버릇처럼 말한다. 그리고 일을 하면 적절한 보상을 한다. 유대교에서는 사람을 판단할 때 존경할 만한 가치가 있는지가 기준이 된다. 그것은 자신의 힘으로 스스로 생활할 수 있는지를 보는 것이다. 유대인 자녀는 학창 시절에 세차장, 이삿짐 운반, 식당 서빙 등의 일들도 거리낌 없이 한다. 설령 기업의 CEO 자녀라고 할지라도 예외 없이 이런 일들을 경험해야 한다. 유대인에게 이런 노동에 대한 열린 사고는 너무도 당연하다.

한화로 약 122조 9,700억 원의 재산을 소유한 워런 버핏은 자녀 각자의 이름으로 된 자선 단체를 만들었다. 말하자면 부모의 돈은 자식의 돈이 아니라는 것이다. 버핏은 자신의 재산을 그냥 자녀에게 물려주지 않는 철칙을 가지고 있다. 더불어 남을 돕는 데 쓰도록 하겠다는 취지에서이다. 자선 단체의 돈은 절대 개인적인 용도로는 사용하지 못한다. 스스로 일하지 않고 누군가에게 기생하며 산다는 것의 결말을 알고 있었을까? 쉽게 얻은 재산은 쉽게 사라진다. 버핏은 사랑하는 자녀를 위해서 그의 자녀가 독립적인 삶을 살 수 있도록 실천에 옮겼다.

나는 고등학생인 딸아이에게 한 달에 10만 원씩 용돈을 준다. 그 외에 필요한 건 스스로 벌어야 한다. 딸아이는 동생을 가르쳐서 부수입을 올리거나 안 입는 옷들을 당근 마켓에 팔아 쓴다. 그런데 딸아이가 사고 싶은 물건이 있었던 모양이다.

하루는 강남의 한 호텔 뷔페에서 아르바이트하겠다고 말하는 것이다. 처음 하는 일이라 주위에서는 만류했지만 나는 흔쾌히 허락했다. 그날 딸아이는 8시간 일을 하고 7만 원이 넘는 돈을 벌어왔다. 그리고 자신을 자랑스럽게 여겼다. 나는 딸아이가 소중한 경험을 한 것만큼 성숙해졌을 거라고 믿는다.

노동, 즉 직업교육을 했다

우리의 아이들은 성인이 되기 전에 무엇을 배우는가? 『탈무드』에는 "아버지는 자녀들에게 사업을 가르치거나 직업교육을 해야 한다. 이것은 부모의 의무이다. 만약 자녀에게 돈 버는 법이나 직업교육을 가르치지 않는다면 부모는 자녀를 도둑으로 키우는 것과 같다."라고 말했다. 이것을 간과해서는 안 된다. 실질적인 현실에 무감각하여 오로지 눈앞에 있는 공부나 입시에만 치중하지는 않는가? 『탈무드』는 이런 균형 감각이 없는 부모를 비난하기까지 한다.

미국의 유대인들이 사는 지역의 공원에 가면 아이들이 자신의 어릴 적 옷들이나 장난감 등을 파는 장면을 흔히 볼 수 있다. 지나가는 어른들은 그것이 자녀의 경제교육을 하는 것임을 알고 흔쾌히 사주기도 한다. 그들은 직접 경험하는 것을 강조한다.

여기서 유대인 아버지의 역할이 강조된다. 자녀의 경제교육에는 적극적으로 관여한다. 우리나라 아버지와는 차이가 있다. 우리의 아버지들은 그저 돈만 벌어오고 그것이 아버지 역할의 모든 것으로 생각해왔다. 하지만 유대인 아버지는 경제교육도 아버지의 의무이자 몫이라고 여긴다.

유대인 아버지는 모든 교육이 어머니만의 전유물인 양 행동하지 않는다. 자녀가 원하면 아버지 밑에서 일을 배우는 것을 선호한다. 혹여나 자녀가 만나게 되는 미래에 어디서 무엇을 하든지 잘 살아갈 수 있도록 준비시킨다.

유대인 자녀들은 퇴근 후에 만약 아버지가 세탁소를 경영한다면 세탁소에 가서 세탁 일을 돕는다. 또한, 아버지가 페인트 기술자면 페인트를, 타일 기술자면 타일 붙이는 일을 직원처럼 돕는다. 반면 우리나라는 자녀들이 부모가 어떤 일을 하는지 제대로 모르는 경우도 비일비재하다.

그리고 우리나라는 부모가 일할 때 자녀를 일하는 곳에 오지 못하게 하거나 공부만을 강요한다. 유대인은 참여와 경험 속에서 실제 행동으로 이어지는 교육을 중시한다. 그들은 가정생활에 참여함으로 익히고 배웠다. 유목 시대에 남자아이는 활쏘기와 사냥, 가축을 돌보는 일을 배웠다. 여자아이는 우유 짜기, 곡식 빻기, 실을 감고 베를 짜며 바느질하는 법을 배웠다. 인용하기 진부한 말이지만 너무나 유명한 말인 '물고기를 잡아주지 않고 잡는 법'을 알려주었다. 자녀가 홀로 설 수 있게 기술과 능력을 가르친 것이다.

부자는 3대를 못 간다는 말이 있다. 동서고금을 막론하고 1세대가 축적한 재산이 3대까지 지켜지기 어렵다. 하지만 유대인은 부를 이룬 집안일수록 자녀에게 부를 물려주기보다는 집안일부터 시킨다.

그래서 세계 부의 중심축에는 유대인이 있다. 그들은 노동이라는 가치를 알고 자녀에게 생계를 유지할 수 있도록 가르쳤다. 자녀가 누구의 도움도 없이 자립할 수 있게 했다. 그들은 땀을 흘리는 일을 하며 진정한 노동, 일함에 대한 가치를 깨달았다. 그래서 그들의 자녀들은 노동의 소중한 경험을 몸소 느끼며 자란다. 결국, 그 경험들이 쌓여 자신의 앞에 놓인 어려운 일들을 꿋꿋이 헤쳐나가게 해주는 힘이 된다.

▶ 가정에서 식사 준비를 온 가족이 함께해주세요.

▶ 아이가 할 수 있는 집안일이 무엇인지 아이의 의견을 물어보아요.

▶ 아이가 집안일을 도울 때 조금 서툴러도 아이 스스로 할 수 있게 해주세요.

22

절약 정신은 적은 돈을
크게 만든다

어떤 것도 함부로 낭비해서는 안 된다. 이것은 『탈무드』의 기본 가르침이다. 이 교훈은 생활의 전반적인 영역은 물론 자연환경에도 해당한다. 비근한 예로 연필이 몽당연필이 될 때까지 사용하는 것은 당연한 일이다. 프린트해서 한번 사용한 종이도 이면지로 한 번 더 사용한다.

종이는 나무로 만들었다. 유대인은 하나님이 이 모든 세상 만물을 창조했다고 믿는다. 그렇기에 그 안에 있는 자연과 자원들을 함부로 낭비해선 안 된다고 생각하고 있다. 그들이 검소한 건 사실이다. 하지만 그 바탕에는 이러한 사고방식이 있기 때문이다.

적은 돈을 크게 만드는 아이

유대인 부모의 교육열은 세인의 상상을 초월한다. 이것은 경제교육, 더불어 돈 교육에서도 마찬가지이다. 유대인 부모는 돈에 대한 태도를 중요하게 생각한다.

만약 건널목에서 신호등을 기다리다 발 앞에 10원짜리가 떨어져 있는 것이면 그냥 지나치겠는가? 줍겠는가? 요즘 10원으로는 아무것도 살 수 없다. 유대인은 아무리 작은 단위의 돈도 소홀히 여기지 않는다. 유대인의 경우라면 10원이라도 바로 줍는다. 단돈 10원이라도 돈을 존중하는 행동이라고 생각하기 때문이다.

리자청(李嘉誠)은 홍콩의 최고 부자로 아시아의 '워런 버핏'으로 불린다. 하루는 그가 골프장에 갔다가 차에서 내리는 순간 1달러를 떨어뜨린 적이 있다. 손을 뻗어 주우려 했지만 닿지 않았다. 이것을 지켜보던 골프장 직원은 몸을 차 밑으로 집어넣었다. 그리고 어렵게 1달러를 집어서 건네주었다. 그러자 리자청은 지갑에서 200달러를 꺼내 그에게 주는 것이 아닌가. 리자청은 남의 돈이 아닌 자신의 돈은 1달러의 가치도 소중히 생각한다. 적은 돈이라도 소중히 여기는 태도가 있었기에 200배가 넘는 값을 치러가며 골프장 직원에게 고마움을 표시한 것이다.

미국의 전 대통령은 트럼프는 부동산 재벌이기도 하다. 그도 역시 어린 시절부터 경제교육을 했었다. 트럼프는 "아이들에게 1달러의 가치를 가르쳐라. 그렇지 않으면 밥을 챙겨주지 않는 것과 같다"라며 "이런 교육은 부모가 해줘야 한다. 그렇지 않으면 누가 시켜주겠냐?"라고 말했다.

1달러의 가치도 모르는 사람은 아무리 큰돈이 손에 쥐어져도 관리할 수 없다는 것이다. 실제로 미국의 할리우드 식당 앞에서 동전을 떨어뜨려 놓고 그것을 누가 줍는지 관찰했다. 너무 놀랍게도 홈리스들은 동전을 본 체도 하지 않았다. 동전을 집은 사람은 대부분 부자였다.

어려서부터 적은 돈도 소중히 여기는 부모의 모습을 봐서일까? 유대인은 부자들이 많지만, 그들은 한결같이 단돈 1센트도 소중히 여긴다. 유대인을 연구한 학자는 "유대인이 부를 축적한 것은 푼돈에서 비롯됐다"라고 말했다. 실제 그들은 어떠한 계약을 할 때 단돈 1센트를 깎기 위해서 며칠씩 버티기도 한다. 사람은 누구나 적은 돈에 소홀하기 쉽지만, 유대인은 그렇지 않다. 1센트를 가볍게 여기면 1억 원이 있다고 해도 그것을 소중히 여길 수 없다는 것이다.

돈이 많아도 함부로 쓰지 않는다

우리나라 옛말에 '분수에 맞게 살아라'라는 말이 있다. 들어본 적이 있는가? 우리는 어른들에게 분수에 맞게 살라고 배워왔다. 하지만 바꿔 생각해보면 돈이 없을 때는 아끼며 살고 돈이 많아지면 고가의 물건을 사고 돈을 좀 써도 된다는 말이 되는 걸까? 유대인은 그렇지 않다. 그들은 결코 체면 때문에 돈을 지출하지 않는다. 돈이 아무리 많아도 함부로 쓰지 않는다. 부를 이룬 사람도 어려운 환경에서 자수성가한 사람도 지독할 정도로 아낀다. 그것은 어떤 물건이든 마찬가지다.

페이스북 창업자 마크 저커버그는 세상을 여러 번 놀라게 했다. 첫 번째는 1984년생인 그가 최연소로 억만장자가 된 것이다. 두 번째는 미래의 변화에서 한발 앞서 메타(Meta)로 사명을 변경한 것이다. 세 번째는 약 450조 원에 달하는 99%의 페이스북 보유 지분을 기부하겠다고 밝힌 것이다. 그는 페이스북에 자신의 옷장을 공개했다. 옷장은 똑같은 회색 티셔츠와 진회색 후드 재킷들로 가득 채워져 있었다. 그는 화려한 억만장자지만 최대한 단순한 삶을 추구했다.

사람들 대부분은 돌아오는 시즌이나 유행에 따라 옷을 산다. 하지만 유대인은 10년, 20년이 넘는 옷을 입는 것이 일상이다. 옷뿐만 아니라 생활 속에 절약이 몸에 배어 있다. 오죽하면 거지와 일반인과의 구분이 모호한 정도다.

20년도 모자라 어머니가 입던 옷을 딸들이 물려 입는다. 이스라엘이 결코 가난한 나라여서가 아닌 것은 우리가 모두 알고 있다. 『탈무드』에는 '만약 자신에게 옷 두 벌이 있다면 옷이 없는 사람에게 기꺼이 나눠주자.'라고 적혀 있다.

돈을 막 쓰는 것과 아끼는 것은 다르다. 유대인 부모는 자녀가 어렸을 때부터 돈에 대한 올바른 인식을 주려고 늘 노력한다. 알리바바와 40명의 도적 이야기에서는 '열려라 참깨!'라고 말을 하면 동굴 문이 열리며 금은보석들이 쏟아진다. 최근에는 신용카드나 제로페이, 카카오페이 등으로 물건값을 지급한다. 앞으로는 더더욱 현금을 거의 보고 만져볼 일이 많지 않다. 현금에 대한 경험이 부족한 아이들은 부모님의 핸드폰이나 카드 속에 늘 돈이 쌓여 있는 것처럼 생각할 수도 있다. 비밀번호를 누르면 돈이 지급되는 것이 자칫하면 '열려라 참깨'의 주문처럼 마구 돈을 써도 되는 것으로 잘못 생각할 수도 있다. 돈에 대한 정확한 설명이 없다면 아이들은 혼란스러울 수 있다.

얘야, 꼭 필요하니?

'지름신'이라는 단어가 있다. 네이버 사전에 의하면 '사고 싶은 것이 있으면 앞뒤 가리지 않고 바로 사게 만드는 가상의 신. 동사 '지른다'의 명사형 '지름'과 '신'의 합성어로, 인터넷 유행어다'라고 나와 있다. 가끔 '지름신'이 등장했다는 말을 한다. 이것은 충동적으로 물건을 샀을 때 사용하는 말이다. 사실 아이뿐만 아니라 어른들도 충동 구매를 하는 부분이 많이 있다. 매대에 놓인 1+1인 물건이나 당장 필요하지도 않은 물건을 '세일'한다는 이유로 계획 없이 샀던 적이 얼마나 많았던가?

이렇게 되면 물건이 풍족하여 낭비할 가능성이 농후하다. 물건을 소중히 여기지 못하는 잘못된 물질의 가치관을 심어지게 된다. 계획 없이 소비하는 습관은 어릴 때부터 없애줘야 한다. 유대인은 물건을 살 때도 충동적인 구매나 함부로 사는 일이 없다. 꼭 필요한 물건이라도 인터넷으로 검색을 한 후에 가격과 질의 가성비를 비교한 다음에 산다. 그리고 이렇게 구매한 물건은 함부로 다루지 않고 오랫동안 사용한다. 자녀에게도 물건을 아끼고 정성스럽게 관리하라고 가르친다.

또한, 유대인 부모는 모든 물건을 소유할 수 없다는 것을 알려준다. 그들은 어린 자녀가 아무리 떼를 쓰고 울어도 모든 물건을 사주지 않는다. 유대인 부모는 아이가 진정될 때까지 기다려준 후 아이가 이해할 때까지 설명해준다. 어느 순간 아이들은 아무리 조른다고 해도 필요 없는 물건은 사주지 않는다는 깨닫게 된다. 한국의 아이들은 너무나 풍요롭다. 초등학교 학생들의 필통이 몇 개인가? 넘치는 장난감은 물론 색연필, 사인펜, 크레파스 세트만도 여러 개인 집이 많다.

유대인 자녀는 부모에게 체계적인 소비 교육을 받는다. 그들은 아이가 사고 싶어하는 물건이 있어도 즉시 사주지 않는다. 그 물건이 꼭 필요한지 어디에 사용할 것인지 묻는다. 그리고 일주일을 기다리게 한다. 일주일 후에도 그 물건을 기억하고 사고 싶다고 할 때는 며칠 더 기다리게 한 후 사준다. 이렇게 교육하는 이유는 갖고 싶은 물건이라 할지라도 충동적으로 사는 것을 방지하기 위함이다. 이런 습관을 통해 아이들은 기다릴 수 있는 인내와 더불어 감정 절제도 함께 기른다.

모두가 갖고 싶은 물건을 살 수 없다. 이렇듯 유대인은 갖고 싶다고 해서 모든 물건을 살 수 없음을 알려준다. 또한, 아무리 돈이 많다고 하더라도 충동적으로 무엇을 사지 않도록 가르친다. 유대인과 함께 일한 사람 대부분이 혀를 내두를 정도로 그들은 지독하고 검소하다. 하지만 의미 있는 곳에 제대로 돈을 쓰는 것일까? 예를 들면 사람을 돕는다던가 가족과 함께 여행을 즐길 다던가 자녀의 교육과 관련된 것 등이다. 1센트도 소중히 여기는 그들이지만 꼭 필요한 곳에는 돈을 아끼지 않는다는 것은 그들만의 공통된 교집합이다.

♥ 유대인 자녀교육, 이렇게 해봐요!

▶ 물건을 계획하고 살 수 있도록 해주세요.

▶ 갖고 싶은 물건을 충동적으로 사는 것은 낭비라는 것을 알려주세요.

▶ 일단 구입한 물건은 소중히 다뤄야 한다고 알려주세요.

23

용돈을 통해 돈 관리하는 법을
연습하게 하라

유대인 부모는 생활 속에서 돈을 관리하는 환경을 만들어준다. 아이가 초등학생이 되면 은행 통장을 개설해준다. 이때 부모의 명의가 아닌 아이의 이름이다. 여기에 한 달 치 용돈을 함께 입금해준다.

아이 스스로 돈을 관리하도록 하기 위함이다. 아이는 점차 몸과 마음으로 소비와 관리의 중요성을 익힌다. 이것은 후에 합리적인 소비를 하는 데 큰 밑바탕이 된다. 만약 성인이 되어 내 손에 돈이 쥐어졌을 때 돈 관리법을 배우지 않았다면 혼란을 겪을 수 있다. 적은 돈부터 관리하면서 철저하게 돈에 관한 약속을 인식시켜줬기 때문이다.

부자의 용돈 관리 교육

미국 역사상 최고의 부자 중 한 명인 록펠러는 33세에 백만장자가 되었다. 어머니가 유대인인 그는 미국의 시카고 대학을 설립하는 데 6,000만 달러 이상을 기부했다. 또한, 록펠러재단과 사회복지 재단 등에 한 알려진 기부 금액만 해도 3억 5,000만 달러에 달할 정도이다. 그가 이렇게 회자되는 이유는 자녀들이 어렸을 때부터 하는 철저한 경제교육 때문이다. 이러한 경제교육은 3대에 걸쳐 행해졌다. 록펠러는 경제교육 가운데 용돈 교육을 우선시했다. 매주 토요일이면 록펠러 가의 여섯 자녀가 한 자리에 모인다. 한 손에는 용돈 기입장이 들려 있다.

록펠러는 자녀들에게 매주 용돈을 주었다. 그리고 정기적으로 용돈 기입장을 검사한다. 용돈이 부족하면 집안일을 하여 용돈을 채울 수 있도록 하였다. 다락방에서 쥐를 잡거나 정원에서 잡초를 뽑는 등의 일을 하게 한다. 용돈 기입장을 검사하는 날에는 분위기도 엄숙하다. "첫째는 이번 주 용돈이 얼마 남지 않았구나, 둘째는 용돈을 아껴 썼구나. 셋째는 어려운 사람을 위해 기부도 하고 저축도 했구나." 록펠러는 자녀들에게 수입과 지출이 맞는지 꼼꼼하게 확인하고 어디에 썼는지도 자세히 물었다. 록펠러 가에서는 용돈을 받아 지출하는 데 있어 꼭 지켜야 하는 점이 있다. 그것은 '3분의 1' 법칙이다. 용돈의 3분의 1은 개인적으로 사용할 수 있다. 다른 3분의 1은 저금을 하고 나머지 3분의 1은 교회에 헌금을 내거나 기부를 해야 한다. 자녀들이 이것을 모두 충실하게 지켰을 경우 5센트를 상으로 더 받는다. 반면 저축이나 기부를 하지 않았을 경우 5센트의 벌금이 있다. 아무리 세계 최고 부자라고 하지만 넘치게 용돈을 주지 않았다. 이것은 단순히 용돈 기입장을 기록하는 것으로 보면 오산이다.

자녀들은 주어진 범위 안에서 돈을 관리하고 계획하는 법을 터득했다. 록펠러는 "나는 돈 때문에 자녀의 인생이 망가지는 것을 걱정했다. 아이들이 쓸데없는 곳에 낭비하지 않고 돈의 가치를 알기 원했다." 미국 최고의 부자 록펠러지만 그가 자녀들에게 용돈을 주고 관리하게 한 이유다. 유대인은 자녀들과 마찬가지로 돈 또한, 하나님이 잠시 맡겨놓은 것으로 생각한다. 록펠러도 역시 "돈은 하나님께서 네게 잠시 맡겨놓은 거란다. 그러니까 네 맘대로 낭비해선 안 돼, 잘 관리해야 한다."라고 아이들에게 돈에 대한 개념을 가르쳤다.

용돈 관리의 힘

자녀가 엄마에게 "준비물 사야 해요"라고 말한다는 것을 돈을 달라는 이야기이다. 이 대화는 일상에서 흔히 있는 일이다. 우리나라 부모의 대부분은 자녀가 무언가 필요하다고 얘기하면 돈을 주던가 혹은 체크카드나 신용카드를 준다. 이렇게 달라고 할 때 주게 되면 자녀는 자신이 얼마를 쓰는지도 모르게 된다. 필요할 때마다 용돈을 받기에 부족하지는 않지만, 용돈의 범위와 관리, 얼마까지 써야 하는지에 대한 경계가 없다. 유대인은 용돈 관리를 철저하게 한다. 용돈은 그 범위 안에서만 써야 한다. 유대인은 용돈을 줄 때 올바른 소비 의식도 함께 심어준다.

용돈은 잘 관리하는 아이들은 부족하거나 없어도 혹은 많아도 그 안에서 조절하는 능력이 생긴다. 유대인 아이들은 용돈 외에 더 필요한 것이 있으면 집안일을 해야 한다. 이것은 '돈은 그냥 쉽게 주어지는 게 아니라 무언가 일을 해야 벌 수 있다'라는 것을 알게 하기 위함이다. 그래서 정해진 용돈 외에도 집안일에 대한 것을 미리 의논해둔다. 돈 관리를 경험해보지 않았거나 경제 관념이 제대로 잡혀 있지 않으면 아무리 돈을 많이 벌어도 문제가 될 수 있기 때문이다.

거액의 돈이 수중에 들어와도 올바른 경제 관념이 형성되어 있지 않다면 어떻게 될까? 미국의 고액 연봉의 운동선수 중 약 60%가 은퇴 후 5년 이내에 파산한다는 연구 결과가 있다. 그들의 연봉은 최저 10억 원에서 많게는 500억 원이 넘는다. 여기에 CF 출연과 스폰서 수입 등을 고려하면 실제 수입액은 이보다 훨씬 많다. 얼마를 쓰느냐보다 어떻게 쓰느냐가 더욱 중요하다는 것을 알 수 있다. 스코티 피펜은 마이클 조던과 함께 6차례 시카고 불스를 NBA 우승으로 이끌었던 전설의 선수다. NBA를 떠난 지 얼마 되지 않아 파산 신청을 했다. 무리한 항공기 사업의 실패로 인해 생활고에 허덕였다.

코트 위의 악동 데니스 로드맨, 핵폭탄 복서 마이크 타이슨 등은 모두 파산한 운동선수들이다. 전성기 수입이 452억이 넘었던 니콜라스 케이지 또한 빚을 갚기 위해 자신의 소장품을 팔고 있다. 이 외에도 린제이 로한, 웨슬리 스나입스, 조니 뎁 등도 사기를 당했거나 잘못된 소비와 투자로 파산당하는 것을 볼 수 있다. 이들은 모두 수백만 달러를 버는 선수와 유명인이었다. 돈을 많이 번다는 자체가 문제가 아니다. 벌기만 했지 어떻게 돈을 관리해야 할지 아예 모르는 것이 문제인 것이다.

용돈을 통해 계약의 중요성을 알게 한다

한국의 정서는 친척 집을 방문했을 때 어르신들이 지갑을 열거나 쌈짓돈을 주는 풍습에 친숙하다. 이것은 우리 집에 손님과 그의 자녀가 방문했을 때도 마찬가지다. 작별 인사를 하면서 손사래 치는 와중에 현금을 손에 쥐어 주기도 한다. 때론 이런 행동이 인사치레나 정으로 생각될 수 있다. 유대인 부모는 선물로 현금을 주지 않을뿐더러 계약에 없는 돈에 대한 것은 경계한다. 만약 아이가 갖고 싶어하는 물건이 있어서 조르더라도 모든 것을 살 수 없다는 것도 가르친다.

유대인에게 약속은 곧 계약과 다름없다. 부모가 자녀에게 지급한 용돈은 명백한 계약인 것이다. 한국은 자녀가 엄마에게 "돈 좀 주세요. 혹은 돈 필요해요"라고 말을 하면 그때마다 지갑을 여는 경우가 많다. 그들에게 이러한 방식은 용납되지 않는다. 유대인은 용돈의 지급일과 금액, 용돈 가불 원칙, 용돈 외에 집안일로 인한 수입 지급 등을 명시한다. 이러한 계약은 부모의 일방적인 결정이 아닌 아이와의 협의를 통해 함께 정한다. 이렇게 한 번 정해진 계약은 반드시 지켜야 한다는 것을 자녀에게 인지하게 한다.

유대인 아이들은 어렸을 때부터 용돈을 통하여 약속과 계약에 대한 철저한 교육이 이루어진다. 계약할 때는 신중하고 엄숙한 의식으로 여긴다. 계약서에 없는 내용일 경우에는 면책된다. 그래서 계약 내용을 자세하게 작성한다. 유대인은 '계약은 계약이다.'라는 말을 한다. 이것은 어떠한 계약이라도 한번 계약하면 지켜야 한다는 뜻이다. 설사 손해가 나더라도 계약을 이행해야 한다. 계약을 파기하는 것은 신을 존중하지 않는 행위이기 때문이다. 또한, 유대인 부모는 계약의 중요성과 서명의 중요성도 함께 깨닫도록 이야기를 해준다.

사회에서는 중요한 계약에는 자신의 인장이나 서명이 들어간다. 유대인은 여기서 계약의 서명 하나로 계약이 좌우될 뿐 아니라 운명도 좌우할 수 있다는 이야기를 해준다. 과거 부총리 후보자가 친인척의 보증을 섰다가 수십억 원의 채무와 함께 집이 경매로 넘어가는 일이 전해졌다. 또한, 유명 연예인 중에도 연대보증으로 수십억대 빚을 지고 공황장애까지 앓게 되었다는 예들이 많이 있다. 개인뿐 아니라 회사의 일로 연대보증을 섰지만, 회사가 망하게 되어 빚을 떠안은 사람들 또한 2만여 명이나 된다.

유대인 부모는 자녀가 어렸을 때 용돈 교육 통해 계약의 의미를 알게 하였다. 그리고 자녀에게도 약속의 중요성을 강조한다. 용돈의 범위 안에서 쓰는 아이는 돈의 관리와 통제 절제를 알게 된다. 영국의 한 연구소에서 조사했다. 용돈 관리, 즉 경제교육을 받은 아이와 접하지 않은 아이의 자산이 얼마나 차이가 나는지를 알아보았다. 결과는 어땠을까? 40세가 되었을 때 교육을 받은 아이가 접하지 않은 아이보다 6만 달러 이상의 자산 차이를 보였다. 세계의 부를 거머쥔 사람들의 공통점은 자녀에게 돈을 관리법을 익히게 했다. 또한, 아무리 적은 돈이라도 소중히 여겼다. 이러한 모든 것들이 유대인이 세계 경제를 주도하는 이유다.

♥ 유대인 자녀교육, 이렇게 해봐요!

▶ 지인이나 친척들에게 받는 자녀의 돈을 모아주세요.

▶ 용돈 기입장은 꼼꼼히 확인하되 너무 세세히 묻지는 말아주세요.

▶ 주어진 용돈 안에서 잘 썼다면 인정하고 칭찬을 해주세요.

24

좋은 습관과 시드머니,
끝없는 지지를 선물하라

유대인은 자녀를 대하는 생각이 유난스럽다. 그럴만한 이유가 있다. 자녀를 부모가 낳았지만, 자녀의 성인식 전까지 잠시 위탁을 받았다고 생각한다. 성인식을 하고 하나님께 돌려 드려야 한다는 생각을 한다.

그렇기에 부모의 손에서 떠나는 그 시간까지 최선을 다해 자녀를 가르쳐야 한다. 바로 그 시기가 13세가 되는 생일이다. 이러한 이유에서 유대인에겐 13세 전의 교육이 더더욱 중요하다. 한 명의 온전한 유대인으로 자녀를 길러내기 위해 부단히 노력한다. 그들에게는 이것이 신이 명한 인생의 최고 목표이다.

유대인에게 인생의 가장 중요한 행사이자 축제가 있다. 할례식, 성인식, 결혼식이다. 할례식은 우리나라로 이야기하면 남자아이에게 하는 포경수술이다. 아기가 태어나서 생후 8일째 할례 행사가 이루어진다. 할례는 유대인이 진정 유대인 됨을 알리는 이른바 '계약의 표징'으로 상징되었다. 유대인에게 가장 큰 축제는 성인식이다. 우리나라의 의무교육은 19세까지이고 성인식도 19세이다. 사실상 우리나라는 현행 민법상 20세에 해당한다. 우리나라의 성인식은 형식적이다. 유대인의 성인식은 다른 나라들에 비해 비교적 이르다.

21세기 동시대에 살고 있지만, 지구의 반대편의 유대인은 만 13세에 성인식을 치른다. 여자아이는 한 살 빠른 만 12세이다. 청소년 시기에 여자가 남자보다 성장발달이 빠르기 때문이다. 이렇게 이른 나이에 성인식을 하는 이유는 일찍부터 자립심과 독립심을 길러주기 위해서다. 정신적, 물질적 완전한 독립을 이루기 위해 준비하는 것이다. 그리고 18세가 넘으면 부모에게서 완벽하게 독립한다. 성인식을 하는 가장 큰 이유는 앞으로는 독립적인 인격체로서 책임감을 느끼는 행동을 할 수 있게 함이다.

이날 열리는 성인식은 유대인에게 '유대인답게 살겠습니다'라고 고백하는 일종의 기념 의식이다. 유대인 부모는 자녀가 성인이 되기 전까지 유대 계율과 안식일을 지키게 한다. 아울러 그들은 13년 동안 『탈무드』와 『토라』를 가르치고 교육한 것에 대해 감격의 눈물을 흘린다. 13세 이전에는 아이가 밤늦게 집에 오게 되면 부모님께 허락을 받는다. 하지만 13세가 되어 성인식 이후에는 부모가 간섭하지 않는다. 간혹 늦게 집에 들어오더라도 혼나지 않는다. 이성 친구를 사귀어도 무방하다. 유대인은 만 13세 이후에는 자녀를 성인으로 대접해준다. 네가 하는 행동에 대해서는 네가 판단하고 행동하라는 것이다.

이렇게 되면 13세 전의 가정에서의 교육이 정말 중요하다는 결론이 나온다. 만약 가정에서의 교육이 제대로 이루어지지 않은 채로 13세가 된다면 어떻게 될까? 이미 자녀는 모든 자유가 허용된다는 것을 인식하고 있을 것이다. 한국은 성인식 전에 어떤 것을 배우게 하고 가르치는가? 한국의 성인식은 성인으로 합법적인 자유가 허용된 날이기도 하다.

그렇지만 지금의 현실은 어떠한가? 오직 주민등록증 검사를 하지 않고 술집에 들어가고 편의점에서 담배를 살 수 있는 자유만을 바라고 있지 않은가?

성인식의 선물, 시계

성인식이 되면 유대인이 자녀에게 주는 선물이 있다. 그것은 성경책, 축의금 그리고 손목시계이다. 그중 시계는 특별한 의미를 내포하고 있다. 그것은 시계를 보면서 시간을 소중히 여기라는 것이다.

황금보다 시간이 더 중요하다고 여기는 그들의 가치관을 보여준다. 만약 우리에게 86,400원이 매일 입금되어 그것을 하루 안에 다 써야 한다면 어디에 쓰고 싶은가? 세상의 사람 누구에게나 매일 밤 12시 어김없이 86,400초의 시간이 주어진다. 하지만 사람들은 그것의 소중함을 인지하지 못하고 산다. 이 시간을 어떻게 쓸 것인가?

유대인은 친구 사이에서나 생활 속에서 많이 하는 말이 있다. 그것은 "시간을 효율적으로 쓰려면…, 이 방법을 쓰면 시간을 절약할 수 있어…"라는 말이다. 그들은 시간에 민감하다. 그래서 비즈니스를 하거나 일을 할 때 하루 근무시간을 시간당 계산하지 않는다. 하루 8시간을 "1초당 얼마"라는 식으로 시간도 인식하며 일을 한다. 예를 들어 한 달을 20일로 계산해서 500만 원 받는 유대인이라면 하루에는 25만 원, 1시간에는 31,250원, 1분에는 520원 정도를 받고 있다는 것을 알고 있다.

이렇게 되면 1분이라는 시간도 허투루 보내지 않게 된다. 만약에 10분을 낭비했다면 5,200원을 잃어버렸다고 생각할 정도이다. 유대인은 시간 개념이 철저하다. 그래서 어린 시절부터 정해진 시간 내에 일을 끝내는 훈련을 받고 자라게 된다. 시간은 붙잡을 수 없다. 한번 지나간 시간은 돌아오지 않는다. 유대인 부모는 평소에 식사할 때 시계를 보며 이야기를 한다. "10분 뒤에 먹자.", "20분 뒤에는 나갈 거야." 등과 같이 시간을 측정하여 정확하게 표현한다.

우리는 현재 미디어 홍수의 시대를 살고 있다. 매일 재미있는 동영상들이 쏟아진다. 그것을 보고 있노라면 시간이 어떻게 가는지도 모른다. 또한, 어른이나 아이 할 것 없이 게임에 많은 시간을 쏟고 있다. 나 자신의 '레벨 업'이 아닌 가상공간의 '레벨 업'을 위해서 말이다. 물론 적당한 시간 보상의 의미로는 괜찮다. 하지만 문제는 그것을 절제하지 못한다는 데 있다.

유대인 부모가 성인식 때 시계를 주는 것에는 '네 시간을 시켜라. 그리고 잘 활용할 줄 아는 사람이 되어라'라는 깊은 뜻이 담겨 있다. 그렇게 가르침을 받고 자란 유대인은 시간을 낭비하지 않고 시간의 소중함을 아는 어른으로 자라난다.

축의금, 성인식의 또 하나의 선물

결혼하게 되는 부부는 결혼 전에 촬영, 드레스, 메이크업, 결혼식장 등 많은 준비를 한다. 많은 하객을 초대하며 성대한 결혼식을 치른다. 유대인의 성인식은 이런 결혼식보다 더 많은 사람을 초대하고 준비할 만큼 중요하다. 이때 하객들이 성인식의 선물로 주는 것은 주로 축의금이다. 각별한 의미를 담아 성인식을 축하하는 의미로 축의금을 선물하는 것이다. 이것은 자녀가 살아가는 데 있어 엄청난 큰 힘을 발휘한다. 우리가 뜀뛰기를 할 때 디디는 발판처럼 점프할 수 있는 에너지를 준다.

여기서는 부모 또한 예외 없이 자녀에게 선물한다. 하객과 부모와 신분에 따라 액수의 차이는 있지만 대략 200~300달러의 축의금을 준비한다. 친척과 손님들이 많은 경우에는 대략 5~6만 달러가 모이기도 한다.

특별히 가까운 친척들은 장래를 위해 유산을 물려준다는 생각으로 제법 많은 돈을 주기도 한다. 성인식에 들어온 축의금은 그날 성인식을 치른 주인공의 몫으로 여긴다. 유대인 부모는 이 돈을 부모가 쓰지 않는다. 성인식을 치른 자녀의 명의로 주식을 사주거나 예금, 보험, 채권 등을 자녀와 함께 상의하여 구매하거나 혹은 아이에게 직접 맡긴다.

이렇게 되면 유대인 자녀들은 어려서부터 자신에게 맡겨진 돈을 어떻게 운용하는지 관심이 생기 마련이다. 자연스럽게 실물 경제나 금융에 관한 점진적인 관심으로 이어진다. 자녀가 성장하여 10년 후인 20대 초반이 되었을 때 5~6만 달러는 어떻게 되었을까? 많게는 두 배 이상이 된다. 즉, 10~12만 달러로 늘어나 있다. 유대인 자녀들이 사회생활을 시작할 때 빚이 아닌 엄청난 '종잣돈'과 함께 출발한다는 것이다. 그래서 어떤 일을 할 때 오직 먹고 생활하기 위해 돈을 벌지 않는다.

결국, 사회생활을 시작하는 유대인 청년들은 어떻게 하면 '종잣돈을 잘 굴려서 불릴까?' 하는 생각을 한다. 이것을 대변해주는 말이 있다. 『탈무드』에서는 '돈은 버는 게 아니다. 불리는 것이다'라고 명시되어 있다. 유대인 청년들은 어려서부터 이 말을 듣고 자랐다. 아주 자연스럽게 불리는 방법을 고민하며 경제교육을 익히게 된다. 13세면 중학교 1학년에 해당하는 나이다. 그리고 18세가 넘으면 부모에게서 완벽하게 독립한다. 학생들 대부분은 돈을 직접 벌어서 등록금을 내고 학교생활을 한다.

우리나라 대학생들은 대학 졸업을 앞두고 학자금 대출과 전세, 월세를 고민한다. 반면에 유대인은 그 시간에 자신의 사업 아이디어를 어떻게 실현할지, 혹은 모아놓은 돈을 어떻게 더 불릴지 등을 생각하며 성인이 되어 스스로 자립할 계획을 세운다. 어려서부터 시간 관리는 습관화되어 있어 절대 시간을 허투루 쓰지 않는다. 아이가 더 성장해 자신의 나쁜 습관이 굳어지기 전에 좋은 습관들로 채워주는 것이다. 아울러 이 모든 교육은 13세 이전 성인식과 함께 끝냈다. 그렇지만 아직 부모의 할 일이 남아 있다. 그것은 뒤로 물러나 자녀를 지켜보는 것이다. 그리고 자녀가 도움을 요청한다면 기꺼이 도와주는 것이다.

♥ 유대인 자녀교육, 이렇게 해봐요!

▶ 아이에게 하루 목표를 세우도록 하게 해보세요.

▶ 아이가 도와달라고 요청하기 전까지 기다려주세요.

▶ 아이가 친척들에게 용돈을 받았다면 직접 관리하게 해주세요.

25

기부와 자선이 당연한
일상이 되게 하라

억만장자들의 1순위 관심사는 무엇일까? 놀랍게도 '자선'이다. '더 기빙 플레이지'(The Giving Pledge)는 기부를 약속한다는 뜻이다. 세계 부호들이 자신의 재산 절반을 기부한다는 약속 릴레이를 벌이고 있다.

우리나라에는 이에 뜻을 같이한 첫 한국인으로서 배달의민족 김봉진 대표 부부가 있다. 219번째로 더 기빙 플레이지에 이름을 올렸다. 더 기빙 플레이지의 서약자들 가운데 3분의 1은 유대인이다.

미국의 경제 주간지 〈비즈니스 위크〉가 매년 상위 50대 기부자를 발표한다. 그 명단의 30%도 역시 유대인이다. 유대인은 최고의 덕을 자선으로 삼고 실천하고 있다.

자선은 선택 사항이 아니다

그들에게 자선은 호흡하듯 자연스럽다. 유대인은 모든 재능과 재물을 하나님이 주신 것으로 생각한다. 유대인 랍비 힐렐은 '그 재능이나 재물을 오직 자신만을 위해 쓰는 것은 정신적으로 자살하는 것과 같은 행위다.'라고까지 표현했다. 유대인은 많은 부를 쌓아도 하나님이 자신에게 잠시 위탁한 것이지, 자기 것이 아니라고 생각한다. 설령 모든 부가 자신이 힘써 쌓은 부일지라도 말이다. 그렇기에 그들은 맡겨놓은 것을 주위에 어려운 이웃을 돌보는 데 사용하라고 누누이 자녀에게 말한다.

유대인에게는 특별한 문화 행위들이 많다. 예를 들면 밥 먹기 전에 식탁 위의 저금통 '푸슈케(pushke)'에 동전을 넣는 것이다. 이것은 자녀가 말귀를 알아듣기 시작할 때부터 가르친다. 또한, 감사한 일이 생겼을 때도 땡그랑 소리를 내며 푸슈케 통에 동전을 넣는다. 이 저금통이 가득 차게 되면 가난한 사람들을 위해 기부한다. 이러한 행동을 '째다카'라고 부른다. 이스라엘 히브리어에는 '자선'이라는 말이 없다. 자선의 행위를 '째

다카'라고 하지만 실제 그 뜻은 '해야 할 당연한 행위', '정의', '의로움' 등이다.

그들은 아무리 많이 배우고 부가 축적됐다고 할지라도 '자선'을 하지 않는다면 인생을 헛되게 사는 것으로 생각한다. 남을 돕는 것이 일상적이다. 유대인은 가난한 사람을 위해 어떤 배려를 할까? 만약 과일을 수확하는 시기라면 모두 수확하지 않고 남겨둔다. 가난한 사람이 먹을 수 있도록 말이다. 또한, 베이커리에서는 마감 시간 전에 가게 앞에 빵을 포장하여 내놓는다. 배고픈 사람을 배려하는 것이다. 유대인에게 나보다 어려운 누군가를 돕는다는 것은 으레 해야 하는 일이다.

우리나라 속담 중에 '사촌이 땅을 사면 배가 아프다'라는 말이 있다. 우리나라 속담대로라면 사촌이 땅을 사면 배가 아파야 한다. 하지만 그들은 아무리 사촌이 땅을 사도 배가 아프지 않다. 오히려 춤을 추고 함께 기뻐한다. 만약 자신에게 어려운 순간이 닥쳤을 때 땅을 산 사촌은 자신을 도울 것이라고 확신한다. 그들은 돈을 쥐고 있거나 쌓아두지 말고 좋은 일에 쓰라고 배워왔다. 자신이 어려울 때 사촌이 자선을 베푼다는 것을 확신한다. 그러니 당연히 사촌이 땅을 사고 부가 늘어나면 함께 춤을 추며 축하할 일인 것이다.

부자가 되고 싶다면 베풀어라

영국 자선지원재단(CAF)에서 2021년 세계 기부지수(World Giving Index)를 발표했다. 114개국 국민의 기부 행동을 조사한 것이다. 낯선 사람을 도왔거나, 금전적으로 돕거나 자원봉사를 했는지 물었다. '예'라고 답한 사람들의 수를 평균 내어 산출했다. 우리나라의 기부지수는 22점으로 110위이다. 외교부 자료에 의하면 한국은 GDP 순위나 경제 규모와 비교해 기부에 참여하는 수준은 매우 낮다. 반면에 유대인은 세계에서 기부를 가장 많이 하는 것으로 유명하다. 엄청난 액수를 베풀며 기부를 하지만 세계에서 가장 부유한 민족으로 살아가고 있다.

유대인에게 '부자'라 함은 단순히 돈이 많은 사람이 아니다. 다른 사람에게 선한 영향력을 확대하는 인격까지 갖춘 사람을 의미한다. 마크 저커버그는 살아 있는 동안 페이스북의 보유 지분 99%를 기부하겠다고 의사를 밝혔다. 그 금액은 무려 52조 원에 해당한다. 또한, 페이스북에는 셰릴 셰릴 샌드버그라는 최고 운영 책임자가 있다. 그녀는 여성을 위해 가장 많이 기부한 유대인으로 알려져 있다. 비영리 전문 매체 '크로니클 오브 필랜드로피'에 따르면 지난해 미국 최대 기부자 순위에서 1위는 아마존의 베저스이고 3위는 전 뉴욕시장 마이클 블룸버그다. 이들은 모두 유대인이라는 공통점이 있다.

도움이 필요한 사람에게는 시간, 돈, 재능 등 그 어떤 것이든지 필요하다. 유대인은 타인을 돕는 데 있어 돈은 단지 도구 중 하나로 생각한다. 그래서 유대인 부모는 자녀에게 돈을 많이 벌라고 가르친다. 그들에게는 돈을 많이 벌어 남을 많이 돕는 것이 미덕이기 때문이다. 그들은 '자선을 실천하지 않으면 유대인이 아니다'라는 생각을 하고 산다. 이러한 행동은 수천 년 동안 이어서 형성되었다. 그들은 자신이 언제, 어디서, 무엇을, 어떻게 살아야 하는지 확실히 알고 있다. 서로를 도우며 좀 더 나은 세상이 되게 노력하는 것이 그들의 목표이기 때문이다.

유대인의 이러한 생각들은 자연스럽게 공부도 자선이라는 행동으로 연결된다. 배워서 나만 잘사는 것이 아닌 '배워서 남 주자!'라는 마음가짐으로 공부에 임한다. 남에게 베풀려면 자신이 베풀 수 있는 위치에 있어야 한다. 이런 교육 철학을 심어준 덕분에 배우는 태도가 남다르다. 그 결과 세계를 변화시키는 뛰어난 인재들을 배출시켰다. 실제 우리나라에서 유명한 민족사관고등학교나 한동대학교, 위드림학교 등은 '배워서 남 주자'의 정신 철학을 강조한다. 이런 이타적인 정신을 가진 학교가 더 많이 나와야 한다.

자선이 곧 인성교육이다

유대인 부모는 먼저 자녀에게 솔선수범하는 모습을 보인다. 어릴 적 부모님의 자선하는 모습을 보고 자란 자녀들은 부모의 선행을 본받는다. 그 선행 안에는 알 수 없는 기쁨과 감사가 있다는 것을 느낀다.

뉴욕의 유대인 자선 단체 중에서는 어려운 이들에게 음식을 배달하는 곳들이 있다. 일주일 치 먹을 것을 준비하는데 그 비용만 해도 우리 돈으로 천만 원이 넘는다. 매주 수요일 저녁이 되면 하나둘씩 음식 배달을 하기 위해 봉사자들이 모인다. 그런데 특이한 점은 항상 아이들을 데리고 온다는 것이다. 그리고 아이들을 직접 봉사에 참여시킨다.

이런 과정을 통해 심어진 경험과 마음은 아이가 성인이 되어도 자선활동을 자연스럽게 이어가는 힘이 된다. 자신이 힘든 누군가를 도울 수 있다는 것과 내가 가진 것에 감사함도 느끼게 된다. 이것을 과연 돈으로는 환산할 수 있을까? 그들에게 부자의 인식은 돈이 많은 사람이 아니다. 돈을 제대로 쓸 줄 아는 사람이다. 유대인이 세계에서 두각을 나타내고 세계적인 부자인 것은 다 아는 사실이다. 그들은 부자로 태어난 게 아니다. 돈의 가치를 아는 교육을 바탕으로 부자로 살아가도록 만들어졌다.

나는 가끔 고속버스터미널 역 앞을 지나간다. 지하철 입구 앞에는 홈리스를 위해 '빅 이슈'라는 잡지를 파는 분이 계신다. 아이와 함께 이 길을 지나갈 때면 아이는 먼저 가서 잡지를 집어 들고 있다. 자신을 뒤따라오는 엄마가 이 잡지를 살 것이라는 사실을 아는 것이다. 재래시장에 가게 되거나 지하철을 탈 때도 항상 도움이 필요한 분들을 만나기 마련이다. 그때마다 그냥 지나치지 않고 아이에게 돈을 건네주며 도와드리라고 한다. 그리고 네가 커서도 너보다 어려운 사람을 기억하라는 말을 잊지 않는다. 하지만 이것은 모두 나의 의지나 계획으로 된 일이 아니다.

어릴 적 나는 어머니의 손에 이끌려 매달 몸이 불편한 분들을 목욕시키는 봉사하는 곳에 따라갔다. 어머니는 자신의 두 배나 되는 덩치 큰 아이들의 몸을 거뜬히 밀어주셨다. 지난해 아이들과 노인들과 소외된 사람들을 위한 봉사에 참여한 적이 있다. 나 또한 어머니의 모습을 기억하며 노숙자 식사 봉사나 연탄 나르는 봉사를 할 때 꼭 아이들을 데리고 간다. 봉사가 끝나고 나와 아이 모두 돌아올 때는 도와줬다는 뿌듯한 마음과 가슴 한편에 감사한 마음이 자리 잡는다.

유대인은 그들의 수입 10분의 1을 자선에 쓰는 것이 의무이자 전통이다. 이것은 아주 어려서부터 용돈에서 기부한다. 유대인 부모는 부자가 되기를 원한다면 자신보다 가난한 사람을 기꺼이 돌보라고 말한다. 부자들을 탄생시킨 유대인 부자교육의 핵심은 바로 '자선과 나눔'이다. 유대인 부모는 먼저 가정을 기부 문화로 만들었다. 움켜쥐고 있기보다는 베풀라고 가르친다. 나눔의 씨앗을 심음과 동시에 그만큼 자녀의 마음과 비전의 그릇도 함께 커질 것이다.

♥ 유대인 자녀교육, 이렇게 해봐요!

▶ 구세군 냄비나 어려운 사람들이 도움이 필요할 경우 자녀가 모금함에 직접 넣고 오도록 해주세요.

▶ 이웃이나 다른 지역에 재난이 일어났을 때, 비록 그 자리에 없을지라도 함께 위로와 안타까운 마음을 가질 수 있도록 해주세요.

▶ 사용하지 않는 물건들을 팔아 그 돈으로 어려운 사람을 위해 기부해보세요.

Chapter 4.

중심을 바르게 세우는 가정교육의 비밀

26

행복하려면 긍정과 감사를 선택하라

만약 박물관 입구에 '개와 당신은 출입 금지'라는 표지판을 보았다면 기분이 어떨까? 그들은 유대인이라는 이유만으로 '개와 유대인 출입 금지'라는 멸시와 차별도 참아야 했다.

넌 옛날 그들은 하나님께 악독한 땅으로 가라는 명령을 받았다. 하지만 그 땅은 사막과 같은 아주 척박한 땅이었다. 너무 물이 부족한 나머지 물의 80%를 오수로 다시 쓴다. 주위의 아랍 국가는 석유로 부유하지만, 이스라엘은 석유조차 나지 않는다. 이스라엘은 제조 시설도 거의 없고 농산물과 공산품도 대부분 수입에 의존한다.

무엇을 선택할 것인가?

이스라엘은 아주 척박한 땅으로 구성되어 있다. 또한, 사방은 개와 원숭이처럼 서로 으르렁거리는 국가들로 둘러싸여 있었다. 여기서 감사가 나올 수 있겠는가? 하지만 유대인은 여기서 긍정을 선택한다. 감사를 선택한 것이다. 그들은 언제나 낙관적이다.

유대인의 강인한 저력은 긍정의 힘에서 나왔다고 해도 과언이 아니다. '유대인'이라는 단어의 어원이 '감사하는 마음'일 정도로 유대인 부모는 자녀에게 감사하는 마음을 심어준다. 성경에 하박국 선지자의 기도만 보더라도 그들이 어떤 인식을 하고 사는지 알 수 있다.

"기쁨만 아니라 슬픔도 감사하겠습니다.

성공만 아니라 실패도 감사하겠습니다.

희망만 아니라 절망도 감사하겠습니다.

가진 것만 아니라 없는 것도 감사하겠습니다.

풍족할 때만 아니라 부족할 때도 감사하겠습니다.

승리만 아니라 패배에도 감사하겠습니다.

건강만 아니라 육신의 아픔도 감사하겠습니다.

생명만 아니라 죽음도 감사하겠습니다."

– 전광, 『평생 감사』 중에서

　이처럼 유대인은 어떠한 상황에서도 감사를 선택하고 있다. 과연 어떻게 가능했을까? 우리는 아이가 태어나면 맨 처음에 "엄마"라는 말을 가르친다. 미국에서는 아이가 태어나면 가장 먼저 가르쳐주는 것이 '감사'다. 'Thank'라는 말을 가장 먼저 배웠기에 언제 어디서든 그들에게는 너무나 익숙한 말이다. 유대인은 자녀에게 감사 기도를 가르친다. 네 살부터는 감사 기도를 하게 한다. 모든 것에 감사를 표하기 위함이다. 하루의 시작은 '감사 기도'이다. 아이가 자고 일어나서 제일 먼저 하는 일이다. 영어로 'PRESENT'는 현재와 선물이라는 뜻이 있다. 그들에게 '오늘'이란 하나님이 주신 선물이다.

　또한, 하루 동안 최선을 다해 보낸 후 잠자리에 들기 전에도 하루를 무사히 지켜주심에 '감사'의 기도를 드리며 마무리한다. 나치를 피해 숨어 지낸 유대인들은 총소리와 전쟁이 코앞에 있었다. 그 순간에도 유대인 부모는 자녀들에게 긍정의 씨앗이 되는 말을 했다. "괜찮아. 곧 끝날 거야. 그리고 좋은 일이 우리를 기다릴 거야." 그들의 긍정 마인드는 죽을 것 같은 공포 속에서 빛을 발했다. 매일 밤 들려주는 엄마의 말에 아이들은 곧 평화가 오리라는 희망을 품고 잠들었다. 부모의 긍정적인 말 한마디야말로 고막이 터질듯한 총성보다 강했다.

행복의 명제

모두가 행복해지기를 원한다. 『탈무드』에는 "세상에서 가장 강한 사람은 자기 자신을 이기는 사람이다. 지혜로운 사람은 배우는 사람이고, 가장 행복한 사람은 감사하며 사는 사람이다."라고 쓰여 있다. 행복의 명제는 명확하다. 그 핵심은 감사인 것이다. 『탈무드』에는 '사람의 눈은 흰 부분과 검은 부분으로 이루어져 있다. 그런데 어째서 하나님은 검은 부분을 통해서만 물체를 보도록 만들었을까?'라는 수수께끼가 있다. 그 해답은 '인생은 어두운 곳을 통해서 밝은 것을 봐야 하기 때문이다.'라고 쓰여 있다.

사람들의 인생에서 궁극적인 목표는 '행복'이다. 지금 시대는 흔히들 자본주의 사회라고 한다. 그래서 많은 사람이 어떻게 돈을 많이 벌까 하고 생각한다. 문제는 오직 돈만 생각하며 부자들을 부러워한다는 데 있다. 과연 돈이 많으면 행복할까? 그렇다면 기업과 재벌가들의 회장들은 모두 행복해야 한다. 많은 사람이 명예와 지위를 얻으려고 노력한다.

지위나 명예 높으면 행복한 것일까? 우리나라에서 가장 지위가 높은 사람은 대통령임이 자명한 사실이다. 그렇다면 역대 대통령들은 모두 행복했을까? 대부분 재판에 서거나 안 좋은 선택을 했다. 물질과 명예가 주는 것에는 한계가 있기 때문이다.

우리에게 익숙한 솔로몬 왕은 유대인의 조상 중의 한 인물이다. 아내와 첩이 1,000명이나 되었고 500t의 금을 수집할 정도로 왕 중에서도 부유한 왕이었다. 결국, 행복해지기 위해서 모든 것을 다 소유했지만, 그의 고백은 '모든 게 헛되도다'였다. 인간은 어떤 무언가를 소유하였어도 만족감이 없거나 행복이 충족되지 않는다. 아마 온 세상을 다 가져도 부족할 것이다. 단 낮은 곳을 볼 줄 아는 사람, 즉 이미 자신이 소유한 것에 감사할 줄 아는 사람만이 삶의 소중함을 깨닫는다.

사람은 백만 원을 벌었을 때의 기쁨보다 십만 원을 잃었을 때의 상실감이 더 크다고 한다. 부정적인 반응에 훨씬 크게 반응하기 때문이다. 삶에서 불평과 불만을 찾으려면 끝이 없다. 행복해지고 싶다면, 그리고 불행한 나를 바꾸고 싶다면 의식적으로 감사일기를 써보자. 단, 명심해야 할 것이 있다. 여기에는 불평이 담긴 내용을 적는 것은 금물이다. 긍정적인 내용을 넣어야 한다. '기쁘다', '행복하다', '성취하다', '맛있다', '아름답다', '멋있다'라는 식이다. 이런 긍정적인 단어를 써야만 내 안의 불행한 부정적인 마음이 상쇄된다.

감사의 고수들

발명왕 에디슨은 후천적인 청각장애인이다. 가난했던 그는 기차에서 신문을 팔면서 한쪽 구석에서 실험하곤 했다. 흔들리는 기차에서 실험하는 중 약품이 떨어져 불이 났다. 이에 격분한 차장에게 얻어맞아 청력을 잃게 된다. 하지만 그는 이렇게 말했다. "나는 귀머거리가 된 것에 감사합니다. 오히려 다른 소리에 신경 쓰지 않고 오직 연구에만 몰입할 수 있어 감사한답니다." 보통 사람이라면 멀쩡했던 귀가 들리지 않는데 이런 말을 할 수 있었을까? 에디슨은 도리어 감사하며 이후에도 위대한 발명품을 1,000여 점이나 세상에 내놓았다.

세계적인 심리학자들의 공통점이 있다. 그릿의 저자 앤젤라 더크워스 교수는 매일 아침 감사 루틴의 시간을 갖는다. 24시간 동안 가장 좋았던 것 3가지를 떠올리는 것이다. 예일대 심리학 교수인 산토스 박사는 "감사는 행복을 결정하는 중요한 핵심 요소이다."라고 말한다. 그녀의 수업 시간에는 고마운 사람에게 감사를 표현하는 활동이 있을 정도다. 더불어 연구에 따르면 이런 10분 정도의 활동을 통해 갖게 되는 긍정적인 감정은 한 달 동안 지속해서 유지된다고 말한다.

유대인이 가정교육에서 강조하는 것은 '긍정적인 마음가짐'이다. 유대인 엄마는 아이가 등교할 때마다 "다 잘 될 거야.(이헤 베세더)"라고 말한다. 어려서부터 감사와 긍정은 단짝처럼 함께 다닌다. 이런 긍정적 습관은 유대인의 성공 비결 중 하나이기도 하다. 부정적인 이야기도 긍정적인 이야기로 바꾸어 전달할 정도다. 그들은 알고 있었다. 크게 생각하되 작은 것에 감사하는 아이로 키우는 것이 그들의 특기이다. 행복과 성공은 마음먹기에 달려 있다.

부정적인 생각을 하면 정말 부정적인 상황이 생긴다. 감사하며 긍정적인 생각을 하면 긍정적인 환경이 작동한다. 뇌는 상상한 것과 실질적인 것을 구분하지 못하기 때문이다. 그 대표적인 예가 이미지 트레이닝이다. 미국 수영선수 펠프스의 코치 밥 바우먼은 그가 어떤 상황에서도 좋은 결과를 얻을 수 있도록 트레이닝을 시켰다. 펠프스는 경기 도중에 수경에 물이 가득 차 앞이 전혀 보이지 않는 상황이었지만 당황하지 않았다. 그 결과 세계기록과 더불어 금메달을 목에 걸 수 있었다. 자신의 말과 상상으로 원하는 결과를 얻도록 뇌를 제어했기 때문이다.

우리는 깨닫지 못하고 있을 뿐 이미 많은 것을 받았다. 매일 먹고 있는 식탁의 음식만 봐도 그렇다. 1억 5천만 km 떨어진 태양에서 온 햇빛과 농부의 땀이 있었다. 중간 유통업자의 수고와 이 더운 날 주방에서 뜨거운 불로 요리를 한 누군가의 정성이 들어가 있다. 사소하게 지나칠 수 있었지만 찾아보면 감사할 점들이 무수히 많다. 행복은 감사의 횟수에 비례한다. 선물을 싫어하는 사람은 없다. 선물 받을 때의 표정은 항상 행복해 보인다. 그렇다. 현재가 선물임을 아는 사람은 오직 감사하는 사람이다. 감사는 행복하기 위한 비밀의 열쇠다. 이 비밀의 만능키인 감사를 놓지 말자.

♥ 유대인 자녀교육, 이렇게 해봐요!

▶ 잠들기 전에 오늘 가장 감사한 일과 기쁜 일을 이야기하게 해주세요.

▶ 차 안에서나 이동할 때 감사 릴레이 게임을 해보세요.

▶ 우리 자녀가 태어난 것에 감사하다는 표현을 해주세요.

27

자녀의 빛나는 달란트를
찾아줘라

유대인은 누구나 세상에 태어날 때부터 사명을 갖고 태어났다고 믿는다. 운동을 잘하는 사람, 손재주가 있는 사람, 친화적인 사람, 노래를 잘하는 사람 등 모두가 각자 다른 재주를 가지고 있다. 사람마다 좋아하는 것과 잘하는 것이 모두 다르다.

그들에게 자신이 잘할 수 있는 일, 가슴 떨리는 일, 좋아하는 일이 곧 자기의 달란트다. 유대인은 하나님이 누구에게나 이런 잘하는 한 가지의 재능을 주셨다고 믿는다. 그래서 약점은 인정하되, 약점을 보완하는 것이 아닌 자신만의 강점을 찾아 그것을 강화하는 데 중점을 둔다.

유대인 부모는 끌고 가지 않고 밀어준다

모든 아이는 자신만의 빛을 내며 살아간다. 부모는 그 빛을 조금 더 빛나게 해줄 뿐이다. 유대인은 자녀를 하나님께서 맡겨주신 선물이라고 생각하고 있다. 부모는 책임을 다하여 자녀가 그들 자신의 삶을 살 수 있도록 힘을 쏟는다. 『공부하는 유대인』의 저자 힐 마골은 "부모의 임무는 한 아이의 재능을 발견하고 크게 만들어주는 것이다. 이것을 간과해서는 안 된다."라고 말한다. 모든 사람이 같지 않다. 유대인 부모는 아이의 미래를 미리 정해놓지 않는다.

미국에서 대중적으로 가장 성공한 패션 디자이너가 있다. 그는 우리나라에서도 잘 알려진, '캘빈 클라인'으로 유대인이다. 그는 어린 시절 다른 친구들처럼 밖에서 뛰어놀지 않았다. 반면 그 시대 여자아이들이 가지고 놀았던 인형에 옷을 입히는 놀이를 즐겨 하며 시간을 보냈다. 심지어 여자들의 옷을 직접 입어보기도 했다. 캘빈 클라인의 어머니는 걱정이 됐지만, 여자 옷을 만드는 아들을 나무라거나 그만두게 하지 않았다. 그녀는 아들이 다른 남자아이들처럼 밖에서 뛰어놀기를 바랐다. 하지만 그 또래의 남자아이들과 같은 행동을 하지 않는 것을 걱정하지는 않았다. 오히려 관심과 재능을 보이는 그에게 가장 든든한 후원자가 되어주었다.

페이스북의 마크 저커버그의 부모는 모두 의사다. 그들은 자식을 내심 자신과 같은 의사로 키우고 싶었다. 하지만 저커버그는 오로지 컴퓨터에만 관심이 있었다. 그의 부모는 그것을 알고 난 후로는 소프트웨어 관련 과외를 받도록 가정교사를 채용했다. 좋아하고 관심 있는 부분을 뒷받침해준 것이다. 그의 부모는 그가 하버드대에 합격했다는 소식을 접했을 때 아들보다 더 큰소리로 환호하며 기뻐했었다. 그리고 아들이 하버드를 그만두고 사업을 하겠다는 의지를 밝혔을 때도 "네 멋진 생각을 펼쳐봐라"라고 말할 뿐이었었다. 저커버그의 아버지는 속마음이 어땠을까? 부모로서 받아들이기는 쉽지 않았겠지만, 자녀의 선택을 존중해주며 묵묵히 저커버그의 뒤에 서 있었다.

반면 우리나라 부모님은 아이의 미래에 많은 관심이 있다. 전국에 있는 초등학생 6학년 어린이를 상대로 자료조사를 했다. 한국 직업능력개발원의 조사는 7,500명에게 직업에 대한 정보를 물었다. 아이들이 가장 많은 정보를 얻는 곳은 바로 '부모님'이었다. 부모의 직업과 바람은 아이의 직업 선택에 큰 영향을 미친다.

『일생의 한 번은 고수를 만나라』의 저자 한근태는 "촌으로 갈수록 공무원을 선호한다."라고 말했다. 이것은 부모가 앞서 있고 부모가 생각하는 대로 아이의 장래 희망이 좌지우지된다는 것이다. 아직은 부모가 원하는 방향으로 자녀를 끌고 가려는 현실을 보여주고 있다.

오직 아이의 재능만을 생각한다

한 아이가 매일 동네 상점들의 보러 다닌 후에 그 상황을 부모에게 이야기한다. 아이는 그것을 즐거워하고 좋아했다. 그런데 아이 눈에 항상 손님이 많은 키즈카페가 있었다. 아이는 부모에게 그 이유를 "키즈카페 사장님이 친절하고 손님들한테 무료로 음료수를 줘요"라고 말했다. 이때 유대인 부모는 "쓸데없는 일에 상관하지 마"라는 말은 절대 하지 않는다. 그들은 이러한 말조차 허투루 듣지 않고 '이 아이는 사업에 관심이 있구나'라고 여긴다. 그들은 다양성을 존중한다. 그래서 이런 능력 또한 하나의 재능이라고 생각한다.

매일 땅을 파고 개미를 관찰하는 아이에게 개미집과 밀웜을 사준다. 아이에게 개미 관련 책을 사주고 곤충 박물관에 데려간다. 펜을 잡기만 하면 그림을 그리는 아이와 함께 다양한 전시회를 관람하러 다닌다. 유대인 부모는 아이의 호기심과 경험이 확장될 수 있도록 안내자의 역할을 한다. 나아가 아이가 좋아하는 것을 찾아 하나씩 실력을 쌓도록 한다. 그 실력이 차곡차곡 쌓여 학년이 올라갈수록 빛을 발한다. 이런 과정을 통해서 아이가 좋아하는 것을 스스로 찾아낼 수 있도록 이끌어주는 것이다.

이스라엘 있는 초등학교는 학년마다 교사가 바뀌지 않는다. 1학년 때 맡은 교사가 초등학교를 졸업할 때까지 함께 올라간다. 그 이유는, 아이들의 강점과 잠재력을 찾는 데 교육의 중점을 두었기 때문이다. 이스라엘의 학교에서는 획일적인 방식의 교육을 지향하지 않는다. 아이마다 수업 진도가 모두 다르다. 그들의 학습 과정은 얼마나 진도를 나가느냐가 관건이 아니다. 아이가 관심 있어 하는지를 눈여겨본다. 그리고 좋아하는 것을 찾아낸다. 유대인은 아이가 잘하는 것이 무엇인지 찾아내는 것을 교육의 목표로 삼고 있다. 이런 이유로 성적 때문에 고민하지 않는다. 모든 것을 잘할 수 없기에 잘하지 못한다고 해서 그것을 지적하거나 책망하지 않는다.

이스라엘의 중학교에서는 졸업 때까지 등수를 매기거나 점수가 적혀 있는 성적표가 존재하지 않는다. 아이의 장점이나 강점 위주의 내용만 다룰 뿐이다. 성적표에는 "분수에 대한 이해가 빠르다. 분수의 연산을 매우 잘한다." 혹은 "마름모, 사다리꼴 등 도형에 대한 이해와 넓이를 구함에 있어 정확하다."라는 식이다. 여기에는 경쟁이 없다. 잘하는 것을 더욱 부각할 뿐이다. 한국은 못 하는 과목을 더욱 보충해야 전체적인 평균 성적이 올라간다. 잘하는 과목을 더욱 강화해주는 것이 아닌 못하는 과목을 지적하게 된다. 그래서 잘하는 것보다 부족한 것에 치중하고 못했던 과목만 기억날 뿐이다.

우리나라에서는 수능시험 이후에 어느 대학에 들어갔는지 본인이 먼저 대답하기 전에 묻는 것은 실례이다. 유대인은 대학이 중요하지 않다. 모두가 대학에 입학하지도 않지만, 대학 입시에 떨어졌다고 해서 기죽지 않는다. 그래서 어느 대학에 가고 졸업해서 어느 회사에 취직해 들어가느냐 하는 것은 중요하지 않다. 그들에게 기준이 되는 것은 무엇을 하고 싶은가, 자신이 무엇을 좋아하는가, 진정 무엇이 되고 싶은가 등이다. 아인슈타인 다닌 취리히 대학은 분명 유명한 명문대이다. 하지만 그는 학교 간판을 보고 입학한 것이 아니다. 그저 수학과 물리학을 좋아하여 그 대학에 들어갔을 뿐이다.

결국 자신만의 재능을 발견한 사람들

제2의 장기라고 하는 스마트폰은 요즘 100만 원이 훌쩍 넘는다. 외출했을 때 가장 불안한 것이 스마트폰 배터리가 줄어드는 것이다. 가장 많이 나와 함께 있고 제일 많이 사용하는 물건 중 하나이다. 거의 만능에 가까운 이 물건을 못을 박는 데 쓰면 어떨까? 휴대폰은 휴대폰만의 용도가 있다. 못을 박는 데 망치를 사용해야 한다. 모든 것은 사용의 쓰임새가 있게 만들어졌다. 유대인은 인간도 마찬가지라고 생각한다. 모든 아이는 각각 자신만의 달란트를 가지고 태어난다. 그리고 그것을 찾아내는 데 온 힘을 쏟는다. 한 분야에 성공한 사람들은 공통점이 있다. 그것은 자기가 좋아하는 재능을 찾았다는 것이다.

『결국 재능을 발견해내는 법칙』의 저자 가미오카 신지는 20년간 재능을 발견한 125명의 유명인을 분석했다. 첫째, '부모의 재능'을 통해 내 재능을 발견하는 것이다. 이런 경우의 예는 너무나 많다. 영국 프리미어리그의 토트넘 소속인 손흥민은 세계적으로도 유명한 선수이다. 그의 아버지 손정웅은 과거 국가대표 선수였다. 축구선수에서부터 감독까지 역임한 차범근의 아들 역시 축구선수 차두리다. 손바닥만 한 드론으로 세계의 챔피언 자리를 지킨 드론 레이서 김민찬 선수가 있다. 그의 아버지는 과거 헬기 조종사였다. 그는 어렸을 때부터 RC 헬기를 취미로 날리는 아버지를 보고 자랐다. 이렇듯 부모를 통해 나의 재능을 펼칠 가능성이 크다.

둘째, '어린 시절 좋아했던 것'에서 재능을 찾는 것이다. 할리우드 영화

감독인 스티븐 스필버그는 12세 때부터 영화에 빠져들었다. 그의 어머니가 남편에게 선물한 8mm 무비 카메라가 계기가 되었다. 그때부터 그는 영화에 빠져 영화 장면을 그리고 여동생과 부모를 영화에 출연시키는 것을 좋아했다. 이정욱은 종이비행기 오래 날리기 국가대표 선수이자 한국 신기록 보유자이다. 중2 때부터 종이비행기에 관심을 두고 있었다. 그는 우연히 종이비행기로 세계기록을 경신한 '켄 블랙번'을 TV에서 보게 된다. 그 후 종이비행기 접는 훈련뿐 아니라 항공역학, 유체역학, 공기역학까지 찾아보며 많은 영역의 공부를 하였다. 그는 좋아하는 것과 잘하는 것을 끊임없이 생각하고 말한다.

셋째, '나도 할 수 있겠다'라고 생각되는 분야에서 재능을 찾는 것이다. 여기서 이것이 가장 중요하다. 주위에 재능 있는 사람이 없거나, 어린 시절 특별히 좋아했던 것도 없는 경우도 해당한다. 이럴 때는 나도 할 수 있겠다는 생각의 신호를 절대 흘려보내서는 안 된다. 성공한 사람들은 아마추어 시절 성공한 다른 사람들의 작품이나 무대를 보고 '나도 할 수 있겠다, 혹은 내가 더 잘할 수 있겠다'라는 생각한 적이 있다고 한다. 이것은 동기를 일으켜주는 중요한 감정이다. 이 감정을 느꼈으면 이후로는 최선을 다해 노력해야 한다. 축구선수 이영표는 "자신이 하고 싶은 일을 선택한 후 전력을 다해 노력하면 그것이 곧 나의 재능이 된다. 누구에게

나 재능은 있다. 끝까지 노력하고 인내해라"라고 말한다.

연봉 100억 원대 수능 1타 강사들이 '대학의 소멸과 수능 붕괴'를 예견하고 있다. 앞으로는 출신 대학이나 지역이 아닌 자녀만이 가진 고유한 재능이 더 필요한 시기이다. 유대인은 학교와 부모가 지속해서 아이에게 관심을 쏟고 협력한다. 이미 아름답게 빚어져 있는 작품에 지혜와 용기를 불어넣어주는 일이 바로 부모의 역할이다. 그것을 찾기 위해 유대인 부모는 자녀에게 호기심을 갖게 하고 다양한 체험과 경험을 하도록 돕는다. 지지하고 밀어주되 부모의 의지대로 이끌지 않는다. 유대인은 재능을 찾는다면 자신만의 길을 가게 되고 그것이 곧 성공하는 길이라고 믿는다. 그러기 위해서는 아이의 강점을 우선시해서 보는 것을 잊지 말아야 할 것이다.

♥ 유대인 자녀교육, 이렇게 해봐요!

- ▶ 아이가 뭘 할 때 가장 집중하는지 살펴보아요.
- ▶ 아이가 무엇을 관심 있어 하는지 살펴보아요.
- ▶ 다양한 체험을 경험하게 해주어요.

28

습관을 통해 탁월함으로 나아가도록 하라

유대인은 좋은 습관이 나쁜 습관을 억누른다는 생각을 하고 있다. 타고난 성격을 어떤 인성교육을 하느냐에 따라 좋은 면에 대한 두각이 나타날 수도 있고 나쁜 면이 두각을 나타낼 수도 있다. 때론 강제성을 띨 수 있지만 좋은 습관이야말로 나를 더욱 나답게 만들 수 있다는 사고가 지배적이다.

웅장한 건물에 튼튼한 뼈대를 세워야 하는 것처럼 습관은 그 뼈대 역할을 한다. 의식과 무의식이 한 곳을 바라본다. 그리고 무의식이 엄청난 힘을 나타낼 수 있게 한다.

반복의 힘

아침에 일어나서 비달 사순 샴푸로 머리를 감고 얼굴에 헬레나 루빈스타인 스킨을 바른다. 책상에 앉아 델컴퓨터로 구글 메일을 확인한다. 출근 복장이 양복에서 비즈니스 캐주얼로 바뀐 남편에게 캘빈 클라인 속옷을 챙겨주고 폴로셔츠와 랄프로렌 바지를 코디해준다. 애플 컴퓨터와 아이패드는 샘소나이트 가방에 넣어 현관 앞에 둔다. 나는 아베크롬비&피치 셔츠와 게스 치마를 입고 스타벅스 커피를 마시며 글을 쓴다. 작업이 끝나고 백화점에 가서 딸에게는 타미힐피거 원피스와 쑥쑥 자라는 아들의 갭(GAP) 반바지를 산다.

아이들 간식으로 배스킨라빈스와 던킨도너츠 사는 것도 잊지 않는다. 이제 아이들 방학 때가 돌아오니 코스트코에서 식료품을 사야겠다. 혹 여기에 없는 물건은 이베이에서 페이팔로 전자 결제한다. 우리의 일상 속에 깊이 들어온 이 모든 브랜드는 유대인의 것이다. 대부분 자신의 이름을 따서 브랜드화시켰다. 이것을 어떻게 세계적인 브랜드로 만들 수 있었을까? 이에 대한 대답은 유대인의 성장 과정에서부터 특별한 점이 있다고 말할 수 있다.

유대인의 교육은 반복과 습관 길들이기와 같은 그들만의 특유한 방식과 방법론을 가지고 있다. 성경에도 게으름에 관한 구절이 있다. '좀 더 자자, 좀 더 졸자, 손을 모으고 좀 더 눕자.'『잠언 24:33』인간은 선천적으로 게으른 천성을 가지고 태어났다. 정말 그렇다. 서면 앉고 싶다. 그리고 앉으면 눕고 싶고 그래서 누우면 자고 싶은 것과 같은 이치다. 유대인 집의 거실에는 대부분 TV 대신 책장이 있다. 정통파 유대인의 집에는 닌텐도 같은 게임기나 오락기는 찾아볼 수 없다.

아이들은 TV와 게임기를 모르는 세상을 살아가며 청년기를 맞이하고 어른이 된다. 매주 금요일은 안식일로 모든 것을 멈추는 시간이다. 스마트폰도 만질 수 없는 안식일에는 아무리 게임을 하고 싶어도 할 수 없다. 일주일 중 단 하루는 과몰입된 스마트폰에서 멀어지는 절제력이 길러지게 된다. 그것은 사용과 멈춤을 반복하면서 습관으로 자리 잡는다. 많은 사람이 스마트폰과 하나가 되는 삶을 사는 지금 스마트폰 중독에서 중용으로 스스로 자기 자신을 예방하게 된다.

습관이 행동이 될 때

리처드 세일러는 행동경제학으로 노벨경제학상을 받았다. 이것은 사람들이 힘들어하는 행동의 설계를 바꾸거나 강압적이 아닌 은연중에 좋은 방향으로 이끌어주는 것을 말한다. 그의 저서 '넛지'에는 '행동경제학'의 예시들이 나와 있다. 우리에게 잘 알려진 예 중 남성용 소변기에 파리 스티커를 붙이고 무의식적으로 파리가 조준되도록 유도하는 것이 있다. 그 결과 변기 밖으로 튀는 소변량을 80%를 줄일 수 있었다. 유대인은 행동경제학을 알고 있었을까?

유대인은 외출 후 출입문을 드나들 때 '메주자'와 마주 서게 된다. 메주자란 유대인이 사는 집을 상징하는 작은 조형물로 우리나라 문패로 상상하면 비슷하지만, 의미가 다르다. 약 10cm 길이의 장식용 케이스이고 이 안에는 기도문이 들어 있다. 그들은 집을 들어가며 나갈 때 문 앞에 있는 메주자를 만지거나 그것에 입 맞춘다. 그것은 하나님을 기억하고 살겠다는 다짐이다. 13세부터는 매일 말씀을 온몸으로 감으라는 뜻으로 테필린을 팔에 감고 기도한다.

테필린은 가죽으로 만들어졌는데 선물 포장할 때 쓰는 리본 끈처럼 길게 늘어져 있는 것과 흡사하다. 이것을 땅에 떨어지지 않게 조심스럽게 다루는데 그 안에는 하나님의 명령과 말씀 구절이 있기 때문이다. 말씀을 몸과 마음에 새기기 위해 습관화된 그들만의 방법이다. 아침저녁으로 말씀을 암송하고 정해진 시간에 기도한다. 이것은 유대인들이 죽을 때까지 지켜야 할 것들이다. 이 모든 것은 반복된다. 체화는 습관화되는 단계를 말한다. 반복은 행동이 내 삶에 완전히 녹아들어 체화될 때까지이다. 철저한 유대인 교육은 반복을 통해 습관의 기반을 닦는다.

습관의 체화는 자녀가 할 수 있는 작은 것부터 시작한다. 식사 후 자신이 먹은 그릇을 설거지통에 넣어달라고 엄마가 이야기했을 때 아이가 넣었으면 칭찬을 해준다. 부모의 칭찬과 좋아하는 모습에 자녀는 더욱 고무되어 열심히 하게 된다. 하나의 행동이 익숙해질 때까지이고 여기서 눈여겨볼 포인트는 반복과 칭찬이다. 유대인은 용돈을 받거나 돈이 생기면 기부하는 것을 당연하게 여긴다. 우리가 세금을 내듯이 그들은 기부한다. 이것은 어려서부터 습관화되어 있다. 자녀가 자라면서 자신이 다른 사람을 도울 수 있다는 것을 느낀다. 이때 넉넉한 마음도 함께 자란다. 여기서 발전했다면 다른 습관을 기를 수 있다. 하나씩 작은 일에 규칙을 만들고 그것이 습관이 되게 만드는 것이다.

좋은 습관 만들기

유대인 엄마는 습관처럼 하는 기도가 있다.

얼굴을 씻겨주면서는, "하나님 이 아이의 얼굴은 하늘을 바라보며 하늘의 소망을 갖고 자라게 하소서."

입안을 씻겨주면서는 "하나님 이 아이의 입에서 나오는 모든 말이 축복의 말이 되게 하소서."

손을 닦아주면서는 "하나님, 이 아이의 손은 기도하는 손이요, 사람을 칭찬하는 손이 되게 하소서."

발을 씻겨주면서는 "하나님, 이 아이의 손과 발을 통해 온 민족이 먹고 살게 하소서."

머리를 감기면서는 "하나님, 우리 아이의 머릿속에 지혜와 지식이 가득 차게 하소서."

가슴을 씻겨주면서는 "하나님, 우리 아이의 가슴에 나라와 민족을 사랑하는 마음을 주소서, 5대양 6대주를 가슴에 품고 살게 하소서."

배를 씻겨주면서는 "하나님, 우리 아이의 오장 육부를 건강하고 튼튼하게 자라게 하소서."

성기를 씻겨주면서는 "하나님, 우리 아이가 자라나 결혼하는 날까지 순결을 지키며 하나님 원하시는 가정을 이루고 축복의 자녀를 준비하게 하소서."

엉덩이를 씻겨주면서는 "교만하지 않고 겸손한 자리에 앉게 하소서."

등을 씻겨주면서는 "부모를 의지하지 않고 안 보이는 하나님만을 의지하게 하소서."

– 홍익희, 『13세에 완성되는 유대인 자녀 교육』 중에서

『13세에 완성되는 유대인 자녀 교육』 책에서는 아기는 엄마와 목욕을 할 때마다 이 기도문을 듣게 된다고 한다. 그리고 그 과정에서 엄마의 소망이 아이에게 전달되고 아이는 무의식적으로 자신이 그렇게 살아야 한다고 알게 된다고 말한다.

아침에 일어나서 계획을 세워 결심하고 세수하는 사람은 없다. 칫솔을 잡고 치약 뚜껑을 여는 것이 무의식적 반복이듯 습관은 반복된 행동의 결과이다. 이 같은 일을 매번 처음 겪는 일처럼 하다가는 머리가 감당하기 힘들다. 우리 집에는 어떤 규칙이 있을까? 어렸을 때부터 아이에게 용변 후 변기 뚜껑을 덮고 물 내리는 버튼을 누르는 것을, 빨래는 빨래 바구니에 넣는 것을, 밥을 다 먹은 후에 설거지통에 넣는 것을 꾸준히 가르친 결과 이제 더는 말이 필요 없다. 무의식적으로 하는 좋은 습관이 이제는 일상 행동이 되었다.

갈아입은 옷을 제자리에 놓거나 빨래를 빨래 바구니에 넣는 것은 물론, 출근이나 등교 시간을 제외한 밖에 나갈 때는 무조건 현관 앞에 놓인

분리수거할 것들을 들고 나가야 한다. 양말을 뒤집어 벗었으면 다시 뒤집어 놓는다. 놀이공원이나 마트에 갔을 때, 주차장에 들어서면 온 가족이 주차할 자리를 찾는다. 마트에서 사온 물건은 아빠만 들고 옮기는 것이 아니라 무겁지 않은 물건이라도 작은 아이까지 각자가 들어야 할 분량이 있다. 이것은 가족의 일원임을 깨닫게 해주며 모두가 함께해야 한다는 것을 일상 속에서 알려줄 수 있다.

일주일에 한 번 아빠는 아이들과 도넛을 만들거나 특별한 요리를 한다. 주말에 아이들은 할머니, 할아버지께 안부 인사 전화를 드린다. 아이가 전화하면 "할머니, 할아버지, 안녕하세요? 식사하셨어요? 사랑해요. 오래오래 사세요."라고 말한다. 이 부분의 멘트는 매주 똑같다. 하지만 어른을 향한 공경을 가르치고 매주 주말 저녁마다 전화했기에 이제는 자연스럽다. 습관은 한 번에 형성되지 않는다. 처음에는 에너지가 들지만, 지금은 너무 편하다. 모든 자녀는 소중하더라도 온실 속의 화초로 자라게 하는 것이 아니라 자녀에게도 할 수 있는 역할을 부여하자. 가족과 함께 규칙을 만들어 집안일에 동참하게 하자.

개그우먼 홍현희와 남편인 제이슨은 한 TV 프로그램에 나와 발렌타인데이 선물에 관한 이야기를 했다. 그는 어머니와 장모님, 아내에게 프리지어꽃을 선물한다. 제이슨이 어린 시절에 어머니가 한 말이다. "엄마가 꽃을 너무 좋아하잖아. 프리지어 한 다발 좀 사다 줘. 사랑하는 사람에게 좋아하는 걸 해주는 건 당연한 거란다." 이 말을 들은 이후로 제이슨은 봄마다 어머니께 노란색의 프리지어를 선물로 드린다. 이젠 이것이 습관이 됐다고 한다. 여기에는 로맨틱한 어머니의 가르침도 한몫했다. 내 아이에게 너무 거하지 않은 부모에게 작은 선물할 줄 아는 아이로 키우고 싶지 않은가? 이와 같은 습관은 물론 다른 좋은 습관도 물려줄 수 있다. 지금은 작지만, 훗날 창대해지는 습관의 훈련소에 자녀를 입소시키자.

♥ 유대인 자녀교육, 이렇게 해봐요!

▶ 하루에 하나씩 작은 습관부터 몸에 배게 해주세요.

▶ 하루에 하나씩 작은 습관부터 몸에 배게 해주세요.

▶ 시각적으로 보고 측정할 수 있게 어떤 일을 하면 스스로 기록하고 체크하게 해주세요.

29

하브루타를 통해 최고의 공부습관을 만들어줘라

하버드 학생의 30%는 유대인이다. 미국 아이비리그 교수의 30% 역시 유대인이다. 하버드대는 유대인을 위한 건물이 따로 있을 만큼 유대인 파워는 막강하다. 유대인 파워는 지금도 진행 중이다. 노벨상 수상자의 25% 이상이 유대인이다. 미국의 금융, 방송, 언론, 영화산업 등을 이끌고 전 세계를 움직이며 유대인 파워를 입증해준다.

이렇게 유대인이 파워를 가지게 된 것에 가장 핵심은 말로 공부하는 하브루타에 있다. 몇 시간씩 책상에 앉자 혼자 하는 것이 아닌 짝을 지어 말로 공부한다. 조용한 곳에서 연필로 줄을 그어가며 하는 공부법이 아닌 말 하는 공부법이다.

외국에서는 찾아보기 어렵지만, 우리나라에서는 스터디 카페나 독서실을 쉽게 찾아볼 수 있다. 그곳에서는 문 여는 소리 외에 다른 소리는 전혀 들리지 않는다. 걸을 때도 사뿐사뿐 걷는다. 친구와 함께 독서실에 갔을 때도 쪽지를 주고받을 뿐 말을 하지 못한다. 한국에 있는 도서관은 대부분 이처럼 조용하다. 우리와는 너무나 상반된 곳이 있다. 바로 유대인 전통 학습기관인 예시바이다. 우리식으로 말하자면 공부하고 연구하는 도서관인 셈이다. 칸막이조차 없는 이곳은 세상에서 가장 시끄러운 도서관이다. 유대인은 이곳에서 조용히 혼자 공부하지 않는다. 그들은 짝을 이루어 말로 소리 내며 공부한다. 예시바에 발을 들여놓으면 먼저 큰 소리로 책을 읽는다. 유대인은 책을 읽을 때도 눈으로만 읽지 않고 입으로 소리를 내며 눈과 귀를 동시에 활용한다. 이때 단어 하나하나씩, 한 문장 한 문장을 집중하여 읽게 된다. 만약 눈으로만 흐르듯 읽는 것은 '아버지가방에들어가신다.'와 같이 붙여 읽으며 내려갈 수도 있다. 이렇게 읽는다면 제대로 된 의미를 파악하기는 어렵다.

우리 조상들도 아이들이 서당에서 사자소학이나 명심보감을 읽을 때 큰 소리로 읽게 했다. 이때 리듬을 타며 몸을 들었다. 뇌를 깨우는 법을 알고 있었던 것이다. 과거 서당에서도 '하늘천 땅지 검을 현 누를 황…' 등 천자문을 익힐 때 밑줄을 그으며 붓으로 쓰지 않았다. 과거 어느 순간부터 소리를 잃었다. 기억력 부분의 기네스북 소유자인 '에란 카츠'는 500자리의 숫자를 한번 듣고 기억한다. 그의 말에 주목이 가는 것은 놀라운 그의 기억력 때문이다. 그는 이스라엘에서 20주간 베스트셀러에 올랐던 『천재가 된 제롬』의 저자이기도 하다. 그는 "책은 큰 소리를 내며 읽어라. 소리를 내어 공부하는 것은 영혼에 기록을 남기는 것과 같다"라고 말한다. 또 한 사람, 일본 기억력 선수권 대회에서 그랜드 마스터를 차치한 '이키다 요시히로'는 『뇌에 맡기는 공부법』의 저자이다. 그 역시 잘 외워지는 방법 중 한 가지로 '소리 내어 읽는 음독'을 추천하고 있다. 그는 여기서 그치는 것이 아니고 한발 더 나아가 특별한 것을 알려주었다. 바로 '귀마개'를 사용하라는 것이다. 그렇게 하면 외부와는 차단되지만, 나의 소리가 진동을 통하여 내부로 느껴지게 된다. 이 생생한 소리를 활용하여 머릿속에 새겨넣으며 기억을 하라는 것이다. 그는 자신의 목소리를 다시 활용하는 것 또한 효과적인 공부법이라고 소개한다.

조용한 공부 vs 가르치는 공부

하브루타는 남을 가르치거나 자신을 가르치는 방법 중 한 가지이다.

공부할 때 가르치는 사람은 적극적인 자세를 하게 된다. 가르치는 동시에 배우는 학습을 하는 것이다. 하브루타는 다른 사람에게 내용과 의미를 설명할 만큼 나 자신이 잘 흡수하고 있는지에 목적을 두고 있다. 그렇기에 정답을 찾고자 할 필요가 없다. 뇌는 말로 설명할 때 큰 자극을 받는다. 한 번은 선생님이 되어 상대방에게 설명하고 또 한 번은 학생이 되어 배울 수도 있다. 이때 내가 알고 있는 것과 알고 있다고 생각했지만, 사실은 모르고 있는 것을 인식하게 된다. 이러한 인식 자체를 '메타인지'라고 말한다.

우리는 '모두 이해했겠지' 혹은 '모두 알겠지'라며 넘어갔던 경험을 한 번쯤은 했을 것이다. 또한, 그 이후에 결과도 이미 알고 있다. EBS『우리는 왜 대학에 가는가?』라는 다큐 프로그램에서 공부 방법에 관한 실험을 했다. 두 그룹으로 나누어 서양사의 한 챕터를 공부하고 3시간 뒤 시험을 보았다. 한 그룹은 독서실같이 칸막이가 설치된 '조용한 방'에서 들어가 공부를 하게 했다. 학생들은 여느 때와 다름없이 연필로 줄을 긋고 중요한 부분은 형광펜으로 표시했다. 나중에는 중요한 표시를 한 부분을 노트에 옮기면서 정리를 했다. 다른 그룹은 오픈이 되어 있는 책상에서 마주 보고 앉아 있는 '말하는 공부방'에 들어가 토론식으로 공부하게 했다. 여기서는 혼자 공부할 수 없다. 마주 보고 있는 상대방과 서로 묻고 대답하며 공부해야 한다. 시끄러운 환경에서 말로 공부하는 것이다. 3시간 뒤 본 시험 결과는 놀라웠다. 서술형, 단답형, 수능형 문제 모두 2배 가까운 차이를 내며 '말하는 공부방'의 학생들이 더 많은 정답을 맞혔다. '조용한 공부방'에서 혼자 공부한 학생들을 대상으로 인터뷰를 했다. 그들은 "막상 시험지를 받아보니까 기억이 나지 않았다"라는 비슷한 대답을 하며 아쉬움을 토로했다. 우리는 눈으로 읽으며 공부하는 과정에서는 자신이 모든 것을 이해했다는 착각을 하며 다음 장으로 넘긴다. 하지만 시험을 치르거나 말로 설명하게 되면 그 결과는 여실히 드러난다. 우리는 조용히 읽고 줄을 긋고 외우며 시험을 보는 것에 익숙하다. 그리고 얼마 지나지 않아 외운 것을 대부분 잊어버린다. 안타깝지만 이것이 계속해서 반복된다. 한국의 아이들은 주당 40~60시간 책상 앞에 앉아 있다. 학교에 다녀온 후 학원에 간다. 학원을 끝난 후에는 다시 책상에 앉아 학원 숙제와 학교 숙제를 한다. 세계 여러 나라 중 우리나라 아이들의 학업 스트레스가 매우 높다는 것은 익히 알려진 사실이다.

최고의 효율을 높이는 공부법

지금까지도 이루어지고 있는 주입식 방식의 교육에서 플립러닝 방식으로 여러 학교와 선생님들의 시도가 진행되고 있다. 거꾸로 교실이라고

도 일컫는 이 방식은 선생님이 아닌 학습자가 주도해나간다는 것에서 하브루타와 유사하다. 플립러닝은 온라인을 통해 미리 학습하는 것이다. 그리고 오프라인에선 토론식 강의를 진행하는 수업 방식을 말한다. 이때 공부하면서 부족했던 부분은 질문과 대화를 통해 알게 되고 자신이 알게 되었던, 새로 느끼게 되었던 의견 역시 표현한다. 이때 나의 지식과 생각들은 정교하게 다듬어진다. 다만 수업내용에 대해 철저하게 준비되지 않았을 경우 발언할 수가 없다. 질문하기 좋아하는 유대인에게는 침묵하는 일이란 있을 수 없는 일이다.

우리는 초행길을 갈 때 내비게이션을 보고 간다. 하지만 내비게이션이 없을 때는 다시 그 길을 찾아가기란 쉽지 않다. 내가 스스로 찾아간 것이 아닌 내비게이션만을 따라갔기 때문이다. 하브루타는 내가 주체가 된다. 자녀가 학교에서 돌아왔을 때 학교에서 배운 내용을 엄마에게 설명하는 것은 집에서도 할 수 있는 좋은 하브루타다. 나는 아이가 배운 것을 영상으로 찍어 아이의 유튜브 채널에 올린다. 올해 4학년인 아들은 초급 영어 문법을 공부하고 있다. 이때 아이는 선생님이 되고 나는 학생이 되어 대답한다. 아이는 문법을 공부한 후에 동영상을 찍는다는 것을 인지하고 있다. 이렇게 되면 습득하는 단계에서도 집중하게 될 뿐만 아니라 엄마를 가르치는 과정에서 구조화하며 머릿속에서 학습 내용을 정리한다.

유대인은 교육열은 상상을 초월한다. 그들은 수천 년 전부터 남들보다 시기적으로 이른 배움의 칼자루를 쥐고 있었다. 미래학자 버크민스터 풀러는 '지식 2배 증가 곡선'에서 인류가 가진 지식의 총량이 비약적으로 증가한다고 말하고 있다. 또한, 그 주기는 점점 빨라지고 있다.

과거에는 지식 총량이 2배 증가하는 데 100년의 기간이 소요됐다면 1990년대부터는 25년으로 단축됐다는 것이다. 심지어 2030년 되면 단 3일로 빨라진다. 2박 3일 출장을 다녀오면 2배의 지식이 늘어나 있음을 뜻한다. 급격히 변화하는 상황 속에 최고의 효율을 높이는 공부법은 매우 중요하다.

『유대인의 성공 코드 Excellence』의 저자 헤츠키 아리엘리는 "인간이 본능적으로 배울 수 있는 것이 있다. 바로 하브루타다. 그런데 왜 세계는 하브루타를 하지 않는가"라고 말했다. 실제 하브루타의 효율성은 입증되고 있다. 미국 NTN 연구소에서 발표한 '학습 효율성 피라미드'는 24시간 이후 얼마큼 기억하고 있는지 나타냈다. 만약 학교나 학원에서 주로 이루어지는 강의를 듣기만 했을 경우 5%, 시청각 교육을 받았다면 20%를 기억한다. 하지만 다른 사람을 가르치며 설명했다면 90%를 기억하게 된다. 조용히 듣는 강의에 비해 말로 가르치는 것은 18배의 학습 효율성이 있다는 뜻이다.

유대인들은 그들의 나라가 완전히 소멸하였던 적이 있다. 그들은 자유롭게 이동하지 못하며 오직 유대인 집단 거주지인 게토에 갇혀 살아야만 했다. 하지만 그들은 최고의 효율을 높이는 말로 하는 공부법 하브루타를 사용하고 있었다. 하브루타는 유대인을 세계 속에 주역으로 우뚝 설 수 있는 큰 매개체 역할을 했다. 분명한 것은 말로 하는 공부 하브루타는 비단 유대인에게만 국한된 교육법이 아니라는 것이다. 누구나 가능하다. 미래학자를 비롯한 많은 전문가는 앞으로 우리 아이들은 10개 이상의 직업을 갖게 될 것이라고 예상한다. 그렇다면 직업에 필요한 기능들을 배우고 학습하는 것을 반복하며 살아가야 한다. 우리 자녀들은 같은 공부를 18시간을 소비하며 강의를 들으며 배울 것인가? 서로에게 가르치는 공부의 효과로 1시간 만에 끝낼 것인가?

♥ 유대인 자녀교육, 이렇게 해봐요!

▶ 책을 읽을 때 소리 내서 읽게 지도해주세요.

▶ 아이가 무엇을 배웠다면 부모에게 한번 가르쳐 달라고 해보세요.

30

성교육은 어렸을 때부터
일상에서 하라

'손만 잡고 자면 임신이 되는 줄 알았다.'라고 한 중국의 황당한 부부가 『MBC 서프라이즈』에 방영되었다. 이 부부는 명문대를 졸업하고 남편은 박사, 아내는 석사 학위가 있다. 지인의 소개를 처음 만났고 호감을 느껴 결혼했지만, 결혼 후 지 3년이 지나도 아이를 갖지 못하자 산부인과를 찾아갔다.

놀라운 사실은 그동안 성관계를 하지 않고 손만 잡고 잤다는 것이다. 어떻게 손만 잡고 3년을 잘 수 있었을까? 이 부부는 손을 잡고 자면 아이가 임신이 되는 줄 알았다고 전해졌다.

성교육을 주제로 한 프로에서 남학생이 속옷이 축축해진 경험이 있다며 말문을 열었다.

"소변을 살짝 흘린 것 같아 화장실에 갔더니 팬티가 젖어 있었어요. 그때는 그게 오줌인 줄 알았어요."

"엄마 몰래 축축한 속옷을 빨면서 왠지 모를 수치심이 느껴졌어요"라고 조심스럽게 말한다. 그때 당시 "엄마, 나 몽정했어요!"라고 떳떳하게 말할 수 없었다며 아쉬움을 토로했다. 몽정은 생리학적으로 정상이라는 신호이다. 생리 현상과 같은 몽정을 하는 것이 수치심을 느껴야 하는 일일까? 몽정은 절대 부끄러운 게 아닌데 말이다.

한 여중생이 성에 대해 어른에게 물었다.

"공부는 안 하고 발랑 까졌네? 공부나 해." 혹은 "크면 자연스럽게 알게 될 거야."라는 대답이 돌아왔다. 아이들은 성에 대한 인식을 어른들로부터 영향을 받는다. 한국 부모들은 '성'에 대한 것을 말하기를 꺼리고,

성에 대한 말 자체를 금기시해야 한다는 관념이 사회 전반에 지배적으로 깔려 있다. 여중생은 인터뷰에서 어른에게 부탁할 말이 있다고 했다.

"성에 대해 제대로 좀 알려주세요. 어른들은 성을 '크면 자연스럽게 알 수 있다'라고 합니다. 하지만 아무도 알려주지 않는데 시간이 흐른다고 그게 알게 되나요?"

tvN 〈미래 수업〉에서 다니엘은 초등학교 3학년 때 독일에서 받은 성교육에 관해 이야기했다. 독일 수업은 "아빠 성기의 정자가 엄마의 성기에 들어가 난자를 만나면 아기가 생겨. 그리고 10달 후에 병원에서 출산하는 거야."라고 설명을 해주었다.

한국은 이런 수업이 왠지 어색하다.

"너 다리 밑에서 주워온 거야."
"배꼽으로 낳았어."
"나중에 얘기해."라는 말에 더 익숙하기 때문이다.

긴 세월 유교 문화에 영향을 받아온 중국과 우리나라는 성에 관한 질문이 어색하고 당황스러울 수밖에 없다. 아름다워야 할 성이 상품화되어 거래되며 사회의 통념 아래 감춰지고 억눌러지기만 한다. 이런 현실을 반영한 듯 넘쳐나는 음란물로 인해 크고 작은 사고가 일어난다. 하지만 미숙한 청소년들에게 올바른 성 의식을 가지고 올바른 가치관을 가져야 하는 필요성에 대해 알려주는 곳은 드물다. 많은 아이가 '네이버 지식인'이나 '또래 친구'에게 물어물어 스스로 알게 되는 것이 현실이다.

성교육은 어릴 때부터 일상에서

〈EBS 부모〉에서는 부모들에게 성교육의 어려운 점이 무엇인지 물었다. 우선 '지도법을 몰라서, 부끄럽고 쑥스러워서, 교육 자료가 부족해서, 지식이 부족해서.'라는 대답 등이 많이 나왔다. 결국, 아이들이 나쁜 미디어에 노출되었거나 어떤 사건이 일어나고 나서 해결책을 찾게 된다. 유대인에게 '성'은 지극히 자연스럽다. 그래서 어렸을 때부터 성에 관해서 이야기한다. 『탈무드』에서는 '성은 창조 행위이다. 이것 없이 자기완성은 불가능하다. 성은 자연의 일부다.'라고 가르친다.

『구약성경』에 아담과 하와의 성행위가 적혀 있다.

"아담이 아내 하와와 함께 잠자리에 들어 하와가 아이를 가졌다."

"자식들을 많이 낳아 그 후손들이 온 땅 위에 퍼져라."(『현대어 성경』)
는 하나님이 인간을 창조했을 때 부부간의 육체적 사랑을 허용한 만큼
충실해야 하는 명령이기도 하다.

0~2세 영아기에는 부모와 안정적인 애착을 맺는 것으로 성교육이 된
것이다. 4~6세부터는 성기의 외형과 성에 대한 호기심을 갖기 시작한
다. 유대인 부모는 성에 대해 질문을 받아도 당황해하거나 피하지 않고
사실 그대로를 이야기한다. 의외로 부모들의 가장 큰 고민은 자녀의 자
위 행동이다. 이스라엘은 아이가 자신의 성기를 만지거나 자위행위를 하
더라도 중간에 멈추게 하지 않고 그냥 둔다. 아이가 아홉 살이 되면 "남
들이 모르게 하라"라고 이야기한다. 이것은 아이도 성적인 욕구가 있다
는 것을 인정하는 것이다.

유대인 부모는 성병에 관해 이야기할 때 감정에 치우치지 않는다. 여
기에 조용하지만 강한 유대인 부모의 양육방식이 엿보인다.

"성관계를 할 때 임질이나 매독 같은 성병에 걸리지 않도록 조심해야
한단다. 잘못 걸리면 붉은 물집이 생기고 코가 썩어 문드러지는 병이거
든."

"네가 만약 임신하면 너는 그 아이를 반드시 낳아야 해. 그리고 그 아

이를 업고 학교에 가야 한단다.”

성관계는 존중과 책임감이 뒤따른다

여기서 중요한 것은 유대인 부모는 성교육을 할 때 ‘조심해야 한다.’는 것만 가르치지 않는다는 것이다. 반드시 ‘책임감’이 뒤따른다는 것을 가르친다. 만약 본인의 자유의지로 아이를 낳게 되면 길러야 한다는 것이다. 어려서부터 이런 교육이 뒷받침되어 있어서인지 성범죄나 미혼모 문제가 미비하다. 하지만 예외 사항이 있다. 그것은 불륜이나, 문란한 성, 동성애 등은 엄격히 경계한다. 유대인은 성이 하나의 놀이처럼 향유되어서는 안 된다는 엄격한 생각을 하고 있다.

『탈무드』의 가르침 중에는 ‘성관계는 사람의 일생 가운데 한 사람만 상대하여 한다.’라고 말하고 있다. 부부 사이의 성행위는 신성한 것이고 결혼한 배우자와만 할 수 있다는 것이다. 그것의 바탕에는 ‘존중’이 있다. 성관계는 사랑이자 교감이고 소통이며 서로를 향한 마음의 표현이기 때문이다. 자녀가 성장해서 성관계를 갖기 전에는 자신만의 가치관과 기준이 필요하다. 첫 성관계는 준비된 상태에서 불안과 후회, 위험 없이 하는 것과 안전을 전제로 하는 것은 필수이다.

성관계에서는 '존중'이 중요하기 때문에 둘 중 한 명이 '싫다'라는 표현을 했을 때 하지 말아야 한다. 연인뿐 아니라 사랑스러운 가족 안에서도 "경계"가 필요하고 규칙을 세워야 한다.

최근에는 '경계성' 교육이 역설되고 있다. 이것은 아이가 사랑스럽다고 내 마음대로 마구 볼에 뽀뽀하고 안는 것이 아닌 자녀에게도 의견을 물어봐야 한다는 것이다. "아빠가 뽀뽀해도 될까?", "엄마가 안아도 될까?" 라는 식의 표현이다. 이것은 내 몸의 결정권을 알게 해준다. 어려서부터 "성적 자기 결정권"을 알려줘야 한다.

공중위생법상 만 4세면 다른 성별 대중탕 출입이 금지된다. 남매의 경우 5~7세 사이에는 분리하여 목욕시켜야 한다. 부모 또한 목욕 후 함부로 옷을 벗고 돌아다니는 것을 주의해야 한다. 가슴, 성기, 엉덩이 부위는 함부로 만지거나 보지 않도록 알려주자. 남자아이가 몽정했다면 성장한다는 신호이다. 몽정 후에 어떻게 대처해야 하는지 알려주고 긍정적인 인식을 주어야 한다. '성'은 음지에 있어야 하는 것도, 비밀스러운 것도 아니다.

만약 아이가 "아기를 어떻게 낳아요?"라고 하면 "넌 어떻게 생각하니" 라고 먼저 물어보고 풀어가자. 아이가 어느 정도 알 수 있는지 수준을 파악하고 그에 맞춰 이야기를 해주어야 한다. 부끄러워하거나 숨겨서는 안 된다. 자연스럽게 있는 그대로 말해줄 때 더 궁금해하거나 상상하지 않는다. 성교육 역시 '인성교육'이다. 그래서 성에 대한 집착하지 않는 올바른 태도와 개념을 갖는 것이 중요하다. 어렸을 때부터 일상에서 물 흐르듯 성에 관해 이야기하자. 잊지 말아야 할 것은 가장 영향력 있는 선생님은 부모라는 것이다.

♥ 유대인 자녀교육, 이렇게 해봐요!

▶ 성교육은 최대한 빠를수록 좋아요.

▶ 생활 속에서 자연스럽게 이야기를 해주세요.

▶ 부모님의 다정한 모습을 보여주세요.

31

어머니는 집안의
영혼이나 다름없다

영국문화협회가 4만 명을 대상으로 설문 조사를 했다. 세상에서 가장 아름다운 단어가 무엇인지였다. 조사 결과 1위에 '어머니(Mother)'라는 단어가 선정됐다. 우리는 모두 알고 있다. 엄마란 가정에서 어떤 존재인지 말이다. 유대인은 가정의 빛이 '어머니'라고 생각한다.

엄마를 집안의 영혼이라고 표현한다. 매주 금요일 안식일이 시작되기 전에 촛불을 밝히는 것은 어머니의 몫이다. 촛불은 자기 몸을 태우며 주위를 밝힌다. 유대인 엄마는 촛불은 켜되 스스로가 초가 되지는 않는다. 세계적인 성공과 부를 이룬 유대인에게는 위대한 어머니가 있었다.

유대인에게 엄마란 존재는 이렇다

그들 가정의 내면을 살펴보면 엄마가 가진 결정권과 역할에 대해 놀라지 않을 수 없다. 유대인은 자녀에 대한 교육을 비롯한 가정을 유지하고 정체성을 전수하는 힘이 여성들에게 나온다고 믿는다. 사실이다. 우리나라 가정의 대부분은 어머니의 기분과 말에 의해서 좌지우지된다. 유대인에게는 더더욱 엄마의 역할이 매우 중요하다. 언뜻 보면 유대인 가정은 철저한 가부장적인 사회로 비친다. 유대인 아버지는 큰 결정권을 가지고 있지만 그런 가부장적인 아버지를 움직이는 것은 바로 어머니이다. 결국, 지금의 유대인이 있기까지에는 그 중심에는 '어머니'라는 존재가 있었다는 사실을 빼고 말할 수는 없다.

유대인은 세계 130여 개국에서 흩어져 살았다. 그들에게 특별한 신체적 특징을 찾을 수 없다. 각 나라에 정착해 살면서 유대인 피는 타민족들과 섞이게 된다. 그런데도 유대인이라는 정체성을 잊지 않고 유대인 특유의 강인한 정신력을 가지게 되었다. 아프리카에서 살다 온 사람은 아프리카 사람처럼 이집트에서 살다 온 사람은 이집트인처럼 닮았다. 눈으로 보아도 정말 유대인인지 구별하기 어려울 정도다. 이스라엘 정부는 국적 허용에 관한 귀환법(The law of Return)을 1950년 법제화하였다.

그중 "유대인은, 유대인 어머니에게서 태어난 사람"이라는 대목이 있다. 유대인이냐 아니냐의 여부는 어머니가 유대인이냐 아니냐에 따라 결정된다.

이 모든 것이 바로 어머니의 역할 때문이다. 유대인 어머니에게 교육을 받았느냐 받지 않았느냐를 가르는 것이다. 무엇보다 교육을 중시하는 그들이다. 자녀교육을 전담하는 주체는 어머니라는 것이다. 모계 혈통을 기준으로 삼을 정도로 유대인에게서 어머니의 자리는 확고하다. 일반적인 『토라』와 『탈무드』는 아버지나 학교를 통해서 이루어진다. 하지만 그전에 어머니의 품성 교육이 이루어져 있지 않으면 어떠한 학습도 헛된 것으로 생각한다.

일주일에 한 번씩 돌아오는 안식일에 남편은 아내를 칭송하는 노래를 부르며 정서적 지지를 해준다. 아내의 말에 공감하려고 애쓰고 정서적 배려를 아끼지 않는다. 유대인들이 가장 중요하게 여기는 것은 『토라』이다. 하지만 좋은 아내를 얻기 위해서라면 토라 두루마리도 팔 수 있다고 가르친다. 『탈무드』는 "아내가 없는 사람은 즐거움도 없고, 기쁨과 행복도 없다"라고 말한다. 유대인 가운데는 아내를 때리는 것은 가장 부끄러운 일이다. 그들에게 가장 중요한 『토라』와 『탈무드』에는 "남편은 아내를

울려서는 안 된다. 하나님은 아내의 눈물방울도 세신다.”라고 되어 있다. 그 결과 가정의 해체, 즉 이혼율은 세계 최저다.

유대인의 어머니들

에디슨의 어머니는 평소보다 화려한 드레스를 입고 학교로 향했다. 더 이상 이 학생은 가르칠 수 없다는 학교의 통보를 받으러 가기 위해서다. ‘1 더하기 1이 왜 2입니까?’, ‘바람은 왜 부나요?’ 등 엉뚱한 질문을 계속한다는 이유로 에디슨은 3개월 만에 학교에서 쫓겨났다. 에디슨에게 정신적인 문제가 있다는 말에도 동요하지 않고 대답한다. “에디슨은 저능아가 아닙니다. 다만 다른 아이와 다르고 호기심이 많을 뿐입니다.” 전직 교사였던 에디슨의 어머니는 12세까지 아들을 집에서 가르쳤다.

에디슨의 어머니는 그의 넘쳐나는 호기심을 맘껏 펼치게 도와주었다. 그는 마음껏 다양한 실험을 했으며 책을 읽고 거기에 대한 독후감을 쓰는 것을 잊지 않았다. 그리고 그의 어머니는 “넌 꼭 큰 사람이 될 거야”라는 말을 잊지 않았다. 그는 2,000번의 실패를 뒤로하고 인류의 가장 위대한 발명품으로 여겨지는 백열전구를 만드는 데 성공했다. 그는 훗날 자신을 이해해준 단 한 사람이 어머니라는 고백을 했다. 정신분석학자 프로이트는 자신이 위대한 인물로 자리매김할 수 있었던 것은 "어머니가 나를 믿어준 이유에서다"라고 했다. 처칠 또한 가장 큰 가르침을 받은 사람이 "나의 어머니요!"라고 말했다.

'눈이 보이지 않는 에너지와 실제 보이는 물질은 같다는 것'은 잘 알려진 아인슈타인의 상대성 이론이다. 아인슈타인은 "어머니가 나를 믿어주었기에 내가 물리학자가 되려고 노력할 수 있었다."라고 말했다. 아인슈타인은 전통적인 유대인 교육 속에서 자라왔다. 사실 아인슈타인의 아버지도 아인슈타인을 어딘가 모자란 아이로 여겼다. 반면 그의 어머니는 달랐다. 모두가 저능아 취급을 했지만, 아인슈타인의 어머니는 항상 "넌 다른 아이에게 없는 엄청난 장점이 있어. 네가 할 수 있는 일이 분명 있단다. 너는 분명히 훌륭한 사람이 될 거야."라고 용기를 북돋아주는 말을 하루에도 몇 번씩 해주었다.

스티븐 스필버그는 걸핏하면 학교에 가지 않았고 운동에도 소질이 없었다. 유대인이라는 이유로 놀리는 아이들 사이에서 늘 다투는 일도 많았지만, 그에게는 어머니 레아가 곁에 있었다. 스티븐 스필버그의 어머니 레아는 그에게 친구 같은 존재다. 그녀는 가장 스필버그 곁에서 그를 이해해주고 위로해주었다. 학교에 가기 싫어 끙끙 앓는 소리가 꾀병이라는 걸 알면서도 "열이 있구나. 오늘은 학교에 결석하고 집에서 쉬어야겠다."라는 말을 했다고 회상했다. 유대인의 속담에는 "하나님은 인간인 어머니의 손을 빌려 사랑을 베푸신다."라는 말이 있다. 어머니의 사랑과 존재는 아이들에게 절대적인 가치를 지니고 있다.

헌신은 물려주되 희생은 하지 않는다

유대인 엄마는 자녀를 위해 헌신을 아끼지 않기로 유명하다. 한국 엄마들 역시 마찬가지로 열정적이다. 때론 자녀를 위해 희생하기도 한다. 여기서 조금 차이를 보인다. 헌신과 희생은 비슷해 보이지만 엄연히 다르다. 둘 다 몸과 마음을 바친다는 뜻이지만 '헌신'은 자녀를 위해 부모가 자신의 힘을 다하는 것이다. 반면 희생은 제사 지낼 때 돼지나 소처럼 희생 제물로 산짐승을 바칠 때 사용된다. 그러니까 목숨이나 재산 등 모든 것을 바치고 버린다는 의미다. 가끔 엄마들이 "내가 누구 때문에"라는 말의 뉘앙스에서도 느낄 수 있다. 한국 엄마 중에는 자신의 인생까지도 자녀에게 바치는 경우가 허다하다.

만약 자존감이 낮은 부모라면 자녀를 통해 자신의 열등감을 해소하려고 한다. 다른 사람에게 "우리 아이 이번에 서울대 갔어."라고 말하는 것이 부모 자신을 위한 것일까? 아니면 진정 자녀를 위함일까? 실제 많은 엄마가 스트레스를 감내하고 자신의 삶을 희생해가면서 아이들을 뒷바라지한다. 물론 부모가 자녀를 위해 정성을 쏟는 것은 잘못된 것이 아니다. 다만 자녀가 성장했을 때 "내가 너를 어떻게 키웠는데!"라고 하는 말은 생각해볼 문제다. 희생한 부모들은 자녀에게 기대하기 마련이다. 내가 너를 위해 나를 나의 삶과 시간을 바쳤으니 너는 나에게 '결과물을 내놔야 해.'라고 생각하는 것은 위험하다.

또한, 가끔 부모가 자녀에게 지금까지 자신이 희생하고 힘들었던 삶에 대한 신세 한탄을 하는 경우가 있다. 이것을 계속 듣고 자란 자녀는 부모를 돌보아야 할 존재로 생각하며 가슴 속에 빚을 지게 된다. 심리학에서는 이런 것을 '부모화'라고 일컫는다. 이런 말을 들으며 자라난 아이들은 엄마가 해야 할 일을 자신이 해야 한다고 생각하며 부모를 돌본다. 사실 이것은 슬픈 일이다. '어른 아이'인 것이다. 어렸을 때부터 어른의 마음을 갖게 된다. 부모가 해야 할 일을 아이가 대신한다. 어린아이의 마음속에 엄마를 돌보아야 한다는 생각이 자리 잡는다.

자녀들도 부모를 기쁘게 하고 싶어한다. 자신이 성적을 잘 받아오면 부모가 기뻐하는 것을 알기 때문이다. 그것이 자신을 위한 공부가 아닌 부모에 대한 기대에 호응하기 위해 하는 공부일 수도 있다. 여기서 중요한 것이 있다. 부모의 기대를 충족하기 위해 자란 아이들은 자신은 결핍 상태로 성장할 가능성이 농후하다.

부모의 기대 욕구가 많은 부분을 차지하기 때문에 자신의 욕구를 돌보지 못한다. 이렇게 자란 아이들은 커서도 부모를 의지하게 되는 경우가 많다. 이런 상태로 결혼한다면 자신의 자녀에게도 무의식적으로 똑같은 행동을 물려주게 된다. 유대인은 헌신하되 모든 것을 바쳐 희생하지는 않는다.

자본주의 시대는 시간으로 재화를 환산한다. 하지만 그 어떤 것에도 시간을 체크하며 돈으로 계산하지 않는 것이 있다. 그것은 어머니의 사랑이다. 어머니의 역할, 아내의 역할은 가정에서 그 무엇과도 비교할 수 없다. 그래서 유대인은 그들의 정체성을 지키는 것의 핵심에 어머니를 세웠다. 한국 엄마의 자녀를 위한 열정과 노력은 역시 만만치 않다. 한국사의 최고의 아픔인 6.25 전쟁을 거쳐 여러 나라의 지원을 받았던 나라가 이제는 지원을 해주는 나라가 되었다.

지금의 대한민국이 이렇게 부강한 나라가 되기까지 보이지 않게 자신을 희생했던 어머니가 있었다. 자녀를 사랑하는 마음 하나로 못할 게 없었던 것이었다. 이것을 이어받아 지금의 자리까지 이끈 대한민국의 어머니들에게 진심으로 박수와 응원을 보낸다.

♥ 유대인 자녀교육, 이렇게 해봐요!

▶ 아이가 무엇을 잘해와서 엄마에게 이야기할 때 그냥 "잘했어" 보다 "네가 좋아하니 모습을 보니 엄마도 기쁘구나"라고 말해주세요.

▶ 엄마도 먼저 자기 자신을 돌보아요. 그리고 엄마가 먼저 행복해져요.

▶ 네가 아이에게 원하는 것이 진정 아이만을 위한 것인지 나를 위한 것인지 돌아보아요.

32

아버지는 직접 가르치고
보여준다

아빠는 왜?

"엄마가 있어 좋다. 나를 예뻐해주어서,

냉장고가 있어 좋다, 먹을 것이 있어서.

강아지가 있어 좋다, 나와 놀아주어서.

아빠… 왜 있는지 모르겠다."

— 조정민, 『인생은 선물이다』 중에서

'성공적인 자녀교육의 3요소'로 많이 회자된 말이 있다. '엄마의 정보력, 조부모의 재력, 아빠의 무관심'이다. 한국은 전쟁의 후유증으로 황폐한 땅에서 이제는 선진국 수준으로 우뚝 서게 되었다. 과거 산업화 시대와 새마을 운동을 거친 사람은 우리의 할아버지와 아버지 세대였다.

그 시대에는 바쁜 직장 일로 가정을 돌볼 시간과 여유조차 없었다. 오히려 남자들 사이에서는 가정에 신경을 쓰는 게 부끄럽거나 금기시되는 일이었다. '파더리스 소사이어티(fatherless society)'는 아버지가 없는 사회다. 지금도 그때의 잔재가 남아 아버지들이 가정과 자녀를 돌보는 게 불필요하다고 여겨지고 있다.

한국에서 아버지의 위치는 어디쯤일까? 가족들을 위해 '돈 버는 기계'로 나섰지만 모처럼 일찍 귀가해도 반겨주는 사람도, 저녁 먹었냐고 묻는 사람도 없다. 옛 아버지들처럼 친위와 존경은 사라진 지 오래다. 시대가 변했다고 하지만 자녀교육에 동참하는 것은 여전히 남자가 주방에 들어가는 일처럼 어색하다. 대부분의 교육은 어머니가 담당한다. 유치원, 학원뿐만 아니라 교육을 위해 좀 더 좋은 학교, 좋은 학군으로 이사 가는 것 등 모두 어머니의 주도하에 이뤄진다. 그 결과 아버지의 권위가 축소됐다. 가정의 자녀교육만큼은 부모가 한마음 한뜻으로 보조를 맞추어 함께 할 때 자녀들은 자신의 잠재력을 마음껏 발휘할 수 있다.

유대인 아버지가 가르치는 것

유대인의 가정은 아버지를 중심으로 모든 일이 이뤄진다. 철저하게 가부장적인 부계 사회다. 아버지가 지휘 체제의 가장 높은 곳에 있고 가정을 지지하는 기둥이 된다. 유대인이 제일 중요하게 생각하는 교육의 책임도 아버지가 맡고 있다. 유대 사회의 아버지는 한 가정의 질서를 잡고 자녀가 인간으로 자라게 하는 데 지대한 영향을 끼친다. 그들은 자녀와 후손을 잘못 가르치면 그로 인해 가문 대대로, 나아가 이스라엘 민족이 크게 해를 입는다고 생각한다. 그렇기에 다른 곳에 자녀를 맡기지 않고 직접 나선다.

히브리어로 아버지를 '아바'라고 한다. 이것의 의미는 '공급자', '인도자', '보호자' 등으로 의미하지만 유대인은 '교육자'에 무게를 둔다. 『탈무드』에는 '유대인의 토라 교육은 아버지가 맡는다.' 더불어 '아버지는 가르치는 사람이다.'라고 되어 있다. 그중에서 대표적인 4가지가 있다.

첫째, 『토라』와 『탈무드』를 가르친다. 이것이 가장 중요하다. 신명기 6장 4~7절에는 구절에는 "이스라엘아, 들으라. 우리 여호와는 오직 유일한 여호와시니 너는 마음을 다하고 뜻을 다하고 힘을 다하여 네 하나님

여호와를 사랑하라. 오늘 내가 네게 명하는 이 말씀을 너는 마음에 새기고 네 자녀에게 부지런히 가르치며"라고 적혀 있다. 유대인 아버지는 자녀가 어렸을 때부터 하나님에 대한 존재를 『토라』를 통해 가르친다. 이는 하나님의 명령이기 때문이다.

유대인 아버지는 자녀가 13세의 성년식 전까지 모든 유대 계율과 안식일을 지키는 온전한 유대인으로 길러내는 것을 인생 최고의 목표로 삼는다. 유대인 격언에는 '자녀가 성장하면서 부모를 잊게 되는 것은 부모의 교육이 잘못되어서이다.'라고 한다. 자녀의 교육을 소홀히 하는 것은 아버지로서의 존재를 인정받지 못한다는 의미다. 유대인에게 있어 스승은 바로 '아버지'인 셈이다. 아버지는 돈만 버는 사람이고 자녀교육은 어머니와 학원의 사교육에 맡기는 일은 하지 않는다. 아무리 바빠도 안식일과 주말에 율법과 『탈무드』를 가르치는 중요한 임무를 게을리하지 않는다. 그래야만 신앙심과 지혜로 가득 찬 유대인으로 성장한다고 굳게 믿는다.

물론 어머니도 자녀교육을 함께 하지만 그 범주는 아버지의 조력자로서 역할을 하는 것에 불과할 뿐이다. 유대인 어머니의 역할은 교육자가 아닌 보호자이다. 어머니는 사랑과 칭찬으로 자녀를 교육하지만, 전체적으로 유대 가정을 이끄는 것은 바로 아버지다. 지속적인 가르침을 받은 아이들은 아버지의 영향을 크게 받게 된다. 그 안에는 아버지의 철학이나 인생관도 함께 녹아 있다. 그 결과 오늘날까지도 유대인의 정체성이 유지된 것이다. 이런 교육으로 인해 유대인은 삼대가 모여도 서로 간의 세대 차이가 거의 나지 않는다.

둘째, 사업과 기술을 가르친다. 자녀가 초중고를 거쳐 대학에 입학하고 나면 "이젠 너도 성인이 되었으니 네가 알아서 해라"라는 식의 행동은 하지 않는다. '그동안 먹여주고 학원 보내주고 키워줘서 대학까지 보냈으니 부모로서 할 만큼 했다.'라고 생각할 수도 있다. 하지만 그 아이는 몸집만 컸을 뿐이다. 유대인은 자녀에게 사업하는 법과 기술을 가르친다. 아버지가 도기나 타일 시공 일을 할 경우, 무거운 것을 드는 험한 일이니까 타일을 들지 못하게 하는 일은 없다.

아버지와 함께 도기를 나르고 시공하는 법을 가르친다. 성인식이 지난 자녀는 아버지가 부재 시 사업이나 가업을 이을 수 있을 만큼 옆에서 보고 배우게 한다. 이 사업이 번창하여 전체를 시공하는 인테리어 사업으로 확장하는 것에 대해 자녀와 함께 의견을 나누기도 한다. 자녀는 매번 해왔던 일이고 아버지와 항상 나누었던 이야기이기에 전혀 어색해하지 않는다. 때론 자녀가 새로운 아이디어를 내고 일을 돕지만, 이때 아버지는 당신이 하는 일을 자녀가 물려받을 것을 강요하지 않는다.

셋째, 아내와 자녀를 축복한다. 이는 유대인 아버지의 가장 큰 고유 권한이다. 안식일 식사 전에 아버지는 식탁에서 아내와 자녀를 축복하는 것이 전통적인 관습이다. 성경에서 아버지의 축복을 받은 이삭과 야곱의 이야기가 나온다. 실제 그들은 많은 축복을 받아 그들의 자손이 지금의 이스라엘을 이루었다. 자녀들은 복을 받기 위해 안식일에 아버지의 축복 기도를 기대한다. 자녀에 대한 축복의 권한을 하나님으로부터 아버지에게로 내려왔다고 굳게 믿는다. 이처럼 자녀 자신이 복을 받으려면 아버지의 축복을 받아야 한다고 생각한다. 이 때문에 자녀들은 당연하게 아버지의 축복권에 거스르려는 행동은 하지 않으려고 노력한다.

넷째, 수영을 가르친다. 이는 생존의 기초가 되는 것이다. 수영은 물에서도 자신을 지킬 수 있어야 하며 심리적, 물리적 충격이 있더라도 자신의 힘으로 극복하는 방안 중 하나이다. 우리는 세월호 참사 이후 수영 교육이 의무화됐지만, 유대인 아이들에게 수영 교육은 필수적이다. 또한, 수렁에서 빠져나오는 법을 가르치는 것을 의미한다. 자녀는 언젠가 부모 곁을 떠나는 것은 자명한 일이다. 인생의 바다를 홀로 항해하는 자녀가 난관에 부딪히더라도 대응하는 힘이 있어야 한다는 것이다.

자녀는 모방한다

아버지가 자신의 역할을 잃으면 가정의 중심축이 바로 서기 어렵다. 그 중심을 지지해주는 것이 바로 어머니다. 『탈무드』에는 아버지와 어머니가 동시에 물을 달라고 하면 먼저 아버지에게 물을 가져다드려야 한다고 가르친다. 설사 어머니에게 먼저 물을 드려도 어머니가 다시 아버지에게 건네 드린다는 것을 자녀들은 알고 있다. 어머니가 아버지의 권위를 세워주는 것이다. 유대 가정에는 아버지 외에는 앉을 수 없는 '엘리야의 의자'가 있다. 엘리야는 유대에서 유명하고 존경받는 인물로 그의 이름을 붙인 의자는 아버지의 권위를 상징한다. 아버지가 출장을 가고 안 계신다고 해도 그 자리는 앉을 수 없다.

나의 어린 시절을 회상해보았다. 우리 집은 아버지가 앉으시는 자리가 있었다. 식사 시간에 어머니는 유기로 된 방자 수저를 아버지 자리에만 놓으셨다. 그것을 보고 자라서 그런지 지금 남편에게도 중간에 가운데 거북이가 그려져 있는 금색 수저를 내고, 가족들은 일반 수저로 먹는다. 또한, 남편이 식사 수저를 들기 전이라면 자녀들을 기다리게 한다. 이렇듯 가정에서 아버지를 존경하는 어머니를 보고 성장한 자녀들은 아버지에 대한 절대적인 존경심을 갖게 된다.

유대 사회는 자유롭게 대화하고 거리낌 없이 의견을 말하는 것처럼 보이지만 실제로는 보이지 않는 위계질서와 체계가 있다. 유대인 아버지는 절대적인 권위를 가진다. 스스로 모범을 보이며 솔선수범하는 모습은 그대로 자녀들에게 투영된다. 그 안에는 자녀에게 비치는 아버지의 모습이 중요하다. 유대인 아버지는 소파에 누워 스마트폰을 붙잡고 있는 모습이 아니다. 늘 책을 보며 그 모습을 본 자녀들 자신도 책을 읽고 자연스럽게 독서는 삶의 습관으로 자리를 잡는다.

배우는 자세는 '모방'에서 비롯된다. 자녀들은 아버지의 좋은 면도 배우지만 안 좋은 면도 배운다는 사실을 잊지 말아야 한다. 유대인은 평생 배워야 한다는 생각을 하고 있다. 이런 부모의 끊임없이 공부하는 모습을 보며 자녀는 영향을 받는다. 굳이 아버지의 권위를 내세워 자녀를 복종시킬 필요가 없다. 책과 지식으로 배우는 것보다 부모의 삶을 보면서 배우는 것이 훨씬 강하다. 현대에는 아버지와 어머니의 역할에 혼돈이 생기면서 동시에 아버지의 권위도 무너졌다. 아버지에게 배우지 못하고 사회에 나온다면 그만큼 위험이 노출될 수밖에 없다.

삶이란 고요하지만은 않다. 때로는 잔잔한 물결로, 때로는 거친 파도가 함께 공존한다. 어릴 적 자녀에게 미치는 아버지의 영향력은 지대하다. 아버지의 존재는 자녀가 보고 따라가야 하는 삶의 모델이자 인생의 본보기다. 아무리 시대가 발전하고 바뀌었어도 유대인에게 아버지는 가정의 버팀목이자 스승이다. 아버지의 권위가 3500년 전부터 지금까지도 이어져온 다른 민족에서는 보기 어려운 사회, 이것이 유대인 사회다. 변화무쌍한 삶의 바다에서 무서운 파도를 만날 때 유대인 자녀는 항상 생각한다. "아버지라면 어떻게 하셨을까?"

♥ 유대인 자녀교육, 이렇게 해봐요!

▶ 아버지가 먼저 솔선수범해주세요.

▶ 자녀가 어려서는 아버지가 자녀를 이끌고 나가주세요.

▶ 자녀가 사춘기가 지나면 아버지는 아이 옆에 있어주세요.

▶ 자녀가 성인이 되면 아버지는 자녀 뒤에서 지켜봐주세요.